Mathematisch=Physikalische Bibliothek

Unter Mitwirkung von Fachgenossen herausgegeben von
Oberstud.-Dir. Dr. **W. Lietzmann** und Oberstudienrat Dr. **A. Witting**
Fast alle Bändchen enthalten zahlreiche Figuren. kl. 8. Kart. je Mk. 1.—
Doppelband Mk. 2.—.

Die Sammlung, die in einzeln käuflichen Bändchen in zwangloser Folge herausgegeben wird, bezweckt, allen denen, die Interesse an den mathematisch-physikalischen Wissenschaften haben, es in angenehmer Form zu ermöglichen, sich über das gemeinhin in den Schulen Gebotene hinaus zu belehren. Die Bändchen geben also teils eine Vertiefung solcher elementarer Probleme, die allgemeinere kulturelle Bedeutung oder besonderes wissenschaftliches Gewicht haben, teils sollen sie Dinge behandeln, die den Leser, ohne zu große Anforderungen an seine Kenntnisse zu stellen, in neue Gebiete der Mathematik und Physik einführen

Bisher sind erschienen: (1912/25):

Der Gegenstand der Mathematik im Lichte ihrer Entwicklung. Von H. Wieleitner. (Bd. 50.)
Beispiele zur Geschichte der Mathematik. Von A. Witting u. M. Gebhardt. 2. Aufl. (Band 15.)
Ziffern und Ziffernsysteme. Von E. Löffler. 2., neubearb. Aufl. I: Die Zahlzeichen der alten Kulturvölker. II: Die Zahlzeichen im Mittelalter und in der Neuzeit. (Bd. 1 u. 34.)
Der Begriff der Zahl in seiner logischen und historischen Entwicklung. Von H. Wieleitner. 2., durchges. Aufl. (Bd. 2.)
Wie man einstens rechnete. Von E. Fettweis. (Bd. 49.)
Rechnen der Naturvölker. Von E. Fettweis. [In Vorb. 1925.]
Archimedes. Von A. Czwalina. (Bd. 64.)
Die 7 Rechnungsarten mit allgemeinen Zahlen. Von H. Wieleitner. 2. Aufl. (Bd 7.)
Abgekürzte Rechnung. Nebst einer Einführung in die Rechnung mit Logarithmen. Von A. Witting. (Bd. 47.)
Wahrscheinlichkeitsrechnung. Von O. Meißner. 2. Auflage. I: Grundlehren. II: Anwendungen. (Bd. 4. u. 33.)
Die Determinanten. Von L. Peters. (Bd. 65.)
Mengenlehre. Von K. Grelling. (Bd. 58.)
Einführung in die Infinitesimalrechnung. Von A. Witting. 2. Aufl. I: Die Differentialrechnung. II: Die Integralrechnung. (Bd. 9 u. 41.)
Unendliche Reihen. Von K. Fladt. (Bd. 61.)
Kreisevolventen und ganze algebraische Funktionen. Von H. Onnen. (Bd. 51.)
Konforme Abbildungen. Von E. Wicke. [U. d. Pr. 1925.]
Vektoranalysis. Von L. Peters. (Bd. 57.)
Ebene Geometrie. Von B. Kerst. (Bd. 10)
Der pythagoreische Lehrsatz mit einem Ausblick auf das Fermatsche Problem. Von W. Lietzmann. 3. Aufl. (Bd. 3.)
Der Goldene Schnitt. Von H. E. Timerding. 2. Aufl. (Bd. 32.)
Einführung in die Trigonometrie. Von A. Witting. (Bd. 43.)
Methoden zur Lösung geometrischer Aufgaben. Von B. Kerst. 2. Aufl. (Bd. 26.)
Nichteuklidische Geometrie in der Kugelebene. Von W. Dieck. (Bd. 31.)
Darstellende Geometrie. Von W. Kramer. [U. d. Pr. 1925.]

Fortsetzung siehe 3. Umschlagseite

Verlag von B. G. Teubner in Leipzig und Berlin

MATHEMATISCH-PHYSIKALISCHE
BIBLIOTHEK
HERAUSGEGEBEN VON W. LIETZMANN UND A. WITTING
==================== 3 ====================

DER PYTHAGOREISCHE LEHRSATZ

MIT EINEM AUSBLICK AUF DAS FERMATSCHE PROBLEM

VON

Dr. W. LIETZMANN

OBERSTUDIENDIREKTOR DER OBERREALSCHULE IN GÖTTINGEN

DRITTE, DURCHGESEHENE
UND VERMEHRTE AUFLAGE
(10. BIS 11. TAUSEND)

MIT 50 FIGUREN IM TEXT
UND AUF 2 TAFELN

1926
Springer Fachmedien Wiesbaden GmbH

ISBN 978-3-663-15581-2   ISBN 978-3-663-16153-0 (eBook)
DOI 10.1007/978-3-663-16153-0

PHOTOMECHANISCHES GUMMIDRUCKVERFAHREN DER DRUCKEREI
B. G. TEUBNER IN LEIPZIG

ALLE RECHTE,
EINSCHLIESSLICH DES ÜBERSETZUNGSRECHTS, VORBEHALTEN

VORWORT ZUR ERSTEN AUFLAGE

Das vorliegende Bändchen der „Mathematischen Bibliothek" beabsichtigt nicht, eine möglichst vollständige Sammlung von Beweisen des pythagoreischen Lehrsatzes zu geben, auch nicht, die Zahl der bekannten Beweise um einige neue zu vermehren. Es will vielmehr an einem historisch und unterrichtlich bedeutsamen Beispiel in ganz elementarer Weise zeigen, wie mannigfache Beziehungen zwischen den verschiedenen Gebieten der Mathematik bestehen, wie die mathematischen Tatsachen, um ein mehrfach gebrauchtes Bild aufzunehmen, ein Netz bilden, nicht eine Kette. Sodann lag mir vor allen Dingen daran, den Leser, soweit das in dem engen Rahmen möglich war, zu eigenem mathematischen Denken anzuregen. Dieses Ziel der ganzen Arbeit wurde noch betont durch eine größere Anzahl von der Darstellung eingegliederten Fragen.

Barmen, im September 1911.

W. Lietzmann.

VORWORT ZUR ZWEITEN AUFLAGE

Für die zweite Auflage ist das Bändchen sorgfältig durchgesehen und an verschiedenen Stellen durch Einfügung neuer Beweise, mehrerer Aufgaben und anderer Bemerkungen vermehrt worden. Um den Umfang nicht übermäßig zu steigern, mußten die Zusätze auf das Wichtigste beschränkt und z. T. durch geringfügige Kürzungen an anderen Stellen ausgeglichen werden. —

Jüngst las ich in dem tüchtigen Buch eines Schweizer Dichters den Satz: „Und doch ist ein Gedicht von Arnold Ott in Luzern oder von Mörike drüben im Schwäbischen mehr wert als alle spitzen und rechten Winkel des alten Pythagoras." Dagegen sollte man nun wohl opponieren. Aber besser, wir lassen's bleiben; das sind halt Fragen der Weltanschauung. Also lassen wir den „Wert" der beiden Dinge; halten wir uns an die Freude an solchen Sachen. Wie wäre es, wenn wir beides mitnehmen, die Dichtung und die Wahrheit?

Jena, Ostern 1917.

W. Lietzmann.

VORWORT ZUR DRITTEN AUFLAGE

Nur wenige Dinge sind in dieser neuen Auflage geändert worden. Es war aber möglich, durch Einschiebung zweier Figurentafeln und eines neuen Abschnittes einige neue Überlegungen mitzuteilen.

Göttingen, Weihnachten 1925.

W. Lietzmann.

INHALTSVERZEICHNIS

	Seite		Seite
1. Einiges aus der Geschichte des pythagoreischen Lehrsatzes . . .	1	4. Pythagoreischer Lehrsatz und Ähnlichkeitslehre	31
2. Zerlegungsbeweise . .	9	5. Funktionsbetrachtungen .	38
		6. Pythagoreische Zahlen .	48
		7. Das Fermatsche Problem	58
3. Der pythagoreische Lehrsatz im Euklidischen System	24	8. Einiges über die Literatur zum pythagoreischen Lehrsatz	68

1. EINIGES AUS DER GESCHICHTE DES PYTHAGOREISCHEN LEHRSATZES.

1. „Da es nun notwendig ist, auch die Anfänge der Künste und Wissenschaften in der gegenwärtigen Periode zu betrachten, so berichten wir, daß zuerst von den Ägyptern der Angabe der meisten zufolge die Geometrie erfunden ward, welche ihren Ursprung aus der Vermessung der Ländereien nahm. Es hat aber nichts Wunderbares, daß die Erfindung dieser sowie der anderen Wissenschaften vom Bedürfnis ausgegangen ist, da doch alles im Entstehen Begriffene vom Unvollkommenen zum Vollkommenen vorwärtsschreitet. Es findet von der sinnlichen Wahrnehmung zur denkenden Betrachtung, von dieser zur vernünftigen Erkenntnis ein geziemender Übergang statt."

So beginnt ein dem Eudemus zugeschriebenes, altgriechisches „Mathematikerverzeichnis" und zählt dann von Thales von Milet beginnend die einzelnen griechischen Mathematiker auf, wobei die Verdienste eines jeden mit knappen, meist recht treffenden Worten charakterisiert werden. In dieser Liste wird über Pythagoras gesagt:

„Nach diesen verwandelte Pythagoras die Beschäftigung mit diesem Wissenszweige in eine wirkliche Wissenschaft, indem er die Grundlagen derselben von höherem Gesichtspunkte aus betrachtete und ihre Theorien immaterieller und intellektueller erforschte."

Wann Pythagoras von Samos lebte, ist nicht sicher bekannt; nach den einen ist er 569 v. Chr. geboren und 470 gestorben, nach anderen ist seine Geburt bereits in das Jahr 580, sein Tod etwa in das Jahr 500 zu setzen. Aus dem Leben des Pythagoras ist für uns von Wichtigkeit, daß er sich sehr wahrscheinlich längere Zeit in Ägypten, vielleicht auch in Babylonien, aufgehalten hat und daß er von dort entscheidende Anregungen heimbrachte.[1])

Schon diese geringen Andeutungen werden es begreiflich erscheinen lassen, daß sehr schwer zu unterscheiden ist, wieviel von den dem **Pythagoras** zugeschriebenen Funden seinen Vorgängern, wieviel seinen Schülern zu danken ist. So steht es auch mit dem Satz, der fast überall nach **Pythagoras** benannt wird (in Frankreich und auch in einigen Gegenden Deutschlands heißt er zuweilen *le pont aux ânes*, die Eselsbrücke[2]):

Für ein rechtwinkliges Dreieck ist das Quadrat über der Hypotenuse flächengleich der Summe der Quadrate über den Katheten.

Daß dieser Satz nicht von **Pythagoras** gefunden wurde, darüber ist man sich heute vollkommen einig; nur soll Pythagoras nach der Meinung einzelner der erste gewesen sein, der einen vollgültigen Beweis für den Satz erbrachte; andere sprechen ihm auch dieses Verdienst ab. Fragen wir, welches dieser Beweis ist, so stocken wir schon wieder. Der Beweis, den **Euklid** (um 300 v. Chr. in Alexandria) im ersten Buche seiner Elemente führt, wird von einigen dem **Pythagoras** zugeschrieben; dagegen versichert **Proklos** (410 oder 412 bis 485 n. Chr., in Byzanz, Athen), daß der Beweis in den Elementen von **Euklid** selbst herrührt.

Man sieht, die Geschichte der Mathematik gibt über **Pythagoras** und seine mathematische Tätigkeit nur recht wenige sichere Daten. Um so mehr weiß die Fama Bescheid, sie nennt sogar die näheren Umstände bei der Entdeckung des Satzes. Wer kennt nicht das Sonnet **Chamissos**:

Die Wahrheit, sie besteht in Ewigkeit,
Wenn erst die blöde Welt ihr Licht erkannt:
Der Lehrsatz, nach Pythagoras benannt,
Gilt heute, wie er galt zu seiner Zeit.

---

[1]) Es gibt eine Lebensgeschichte von Pythagoras, in der sich, sagt der Verfasser selbst, wie im Granit der Quarz, Glimmer und Feldspat, Geschichte, Sage und dichterische Erfindung zu einem Ganzen verbinden: A. Riecke, Pythagoras. 2. Aufl. Leipzig, Spamer, 1894.

[2]) Die Engländer nennen *the asses' bridge* oder *pons asinorum* den Satz, daß im gleichschenkligen Dreieck die Basiswinkel gleich sind.

Ein Opfer hat Pythagoras geweiht
Den Göttern, die den Lichtstrahl ihm gesandt;
Es taten kund, geschlachtet und verbrannt,
Ein Hundert Ochsen seine Dankbarkeit.

Die Ochsen seit dem Tage, wenn sie wittern,
Daß eine neue Wahrheit sich enthülle,
Erheben ein unmenschliches Gebrülle;

Pythagoras erfüllt sie mit Entsetzen;
Und machtlos, sich dem Licht zu widersetzen,
Verschließen sie die Augen und erzittern.

Auch diese, von Diogenes Laertius und Plutarch erzählte Opfergeschichte ist sicherlich erfunden. Und damit fehlen auch leider die Voraussetzungen zu jener neckischen Anwendung der Lehre von der Seelenwanderung, die Heinrich Heine sich einmal geleistet hat:
Wer weiß! Wer weiß! Die Seele des Pythagoras ist vielleicht in einen armen Kandidaten gefahren, der durch das Examen fällt, weil er den pythagoreischen Lehrsatz nicht beweisen konnte, während in seinen Herren Examinatoren die Seelen jener Ochsen wohnen, die einst Pythagoras, aus Freude über die Entdeckung seines Satzes, den ewigen Göttern geopfert hatte.

2. Als es vor einigen Jahren angesichts der Entdeckungen eines Schiaparelli und anderer Astronomen Mode wurde, über die Existenz von menschenähnlichen Marsbewohnern mehr oder weniger gewagte Spekulationen anzustellen, da wurde natürlich vielfach die Frage diskutiert, wie man sich mit diesen hypothetischen Lebewesen etwa mit Hilfe von Lichtsignalen verständigen könnte. Ein bei der Pariser Akademie ausgeschriebener Preis, der *Prix Pierre Guzmann*, von 100 000 Frs. für den, der zuerst mit irgendeinem Bewohner eines anderen Himmelskörpers (übrigens ist der Mars, als zu leichte Aufgabe, ausgenommen!) in Verbindung tritt, wartet noch darauf, einem Glücklichen zuerkannt zu werden.

Scherzweise, aber nicht ohne eine innere Berechtigung, hat man nun den Vorschlag gemacht, dem Mars- oder sonstigen Planetenbewohner als Lichtzeichen die Figur des pythagoreischen Lehrsatzes zu übermitteln. Sei dem nun, wie ihm sei; auf unserem Planetenball haben wir es jedenfalls erlebt, daß die im pythagoreischen Lehrsatz ausgesprochene mathematische Tatsache an den verschiedensten Stel-

4 I. Einiges aus der Geschichte des pythagor. Lehrsatzes

len, und zwar, wie wir wohl annehmen dürfen, unabhängig auftritt.

Beginnen wir mit den Chinesen. Hier kommt besonders ein mathematisches Werk, der Tscheou pei, in Betracht. Im ersten Teile dieses Buches handelt es sich um das Wechselgespräch zweier um 1100 v. Chr. lebender Persönlichkeiten. Ob nun aber daraus zu schließen ist, daß die vorgetragenen Lehren bereits jener Zeit bekannt waren, ist zweifelhaft, wenn auch eine 1213 n. Chr. geschriebene Vorrede dies behauptet. Möglicherweise ist der hier in Frage kommende Teil erst um Christi Geburt verfaßt.

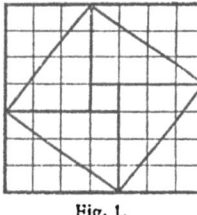

Fig. 1.

In dieser Schrift wird ein pythagoreisches Dreieck, das die Seiten 3, 4 und 5 hat, erwähnt mit den Worten: *„Zerlegt man einen rechten Winkel in seine Bestandteile, so ist eine die Endpunkte seiner Schenkel verbindende Linie 5, wenn die Grundlinie 3 und die Höhe 4 ist."* Auch eine Figur ist beigegeben (Fig. 1), die sich mit einer in der indischen Geometrie des Bhâskara vorkommenden deckt; wir werden darauf später noch zurückzukommen haben (vgl. Abschnitt 13 des 2. Kapitels).

3. Es ist nach Cantor wahrscheinlich, daß auch die Ägypter die Gleichung
$$3^2 + 4^2 = 5^2$$

oder mit anderen Worten das rechtwinklige Dreieck mit den Seiten 3, 4 und 5 gekannt haben, und zwar bereits zur Zeit des Königs Amenemhat I. um das Jahr 2300 v. Chr. (nach Papyrus 6619 des Berliner Museums). Man nimmt an, daß die „Seilspanner", die Harpedonapten, die Aufgabe hatten, mittels des Dreiecks mit den Seiten 3, 4 und 5 rechte Winkel zu konstruieren. Wir können ihr Verfahren sehr leicht nachmachen. Wir nehmen ein 12 m langes Seil, knüpfen (Fig. 2) 3 m von dem einen, 5 m von dem anderen Ende entfernt rote oder blaue Bändchen an die Schnur, während die anderen Meter etwa durch weiße Bändchen bezeichnet sind. Dann spannen wir die Schnur so, wie es die Figur angibt; zwischen dem 3 m und dem 4 m langen Ende liegt dann ein rechter Winkel.

Man kann bei diesem Verfahren der Harpedonapten einwenden, ein rechter Winkel aus Holz, wie wir ihn heute überall bei den Zimmerleuten sehen, mache die ganze Seilspannerei überflüssig. In der Tat gibt es ägyptische Bilder, auf denen derartige Handwerkszeuge wiedergegeben sind, z. B. bei der Darstellung einer Schreinerwerkstatt. Aber es muß doch eine Methode geben, diese rechten Winkel zu prüfen und herzustellen. Die Methode des Umklappens (Fig. 3 u. 4) kommt auf ein Probieren heraus. Es ist nicht unwahrscheinlich, daß bei feierlichen Gelegenheiten, wie es die Grundsteinlegung eines Tempels war, die wirkliche geometrische Konstruktion stets aufs neue vollzogen wurde.

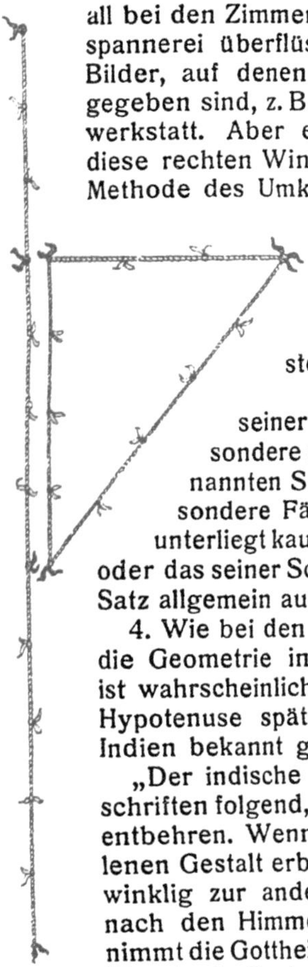

Daß Pythagoras einen großen Teil seiner mathematischen Kenntnisse, insbesondere also auch den Inhalt des nach ihm benannten Satzes zum mindesten für einzelne besondere Fälle bei den Ägyptern erworben hat, unterliegt kaum noch einem Zweifel; sein Verdienst oder das seiner Schule war es dann wahrscheinlich, den Satz allgemein ausgesprochen und bewiesen zu haben.

4. Wie bei den Ägyptern stand auch bei den Indern die Geometrie in engster Beziehung zum Kultus. Es ist wahrscheinlich, daß der Satz vom Quadrate der Hypotenuse spätestens im 8. Jahrhundert v. Chr. in Indien bekannt gewesen ist.

„Der indische Gottesdienst, peinlich genauen Vorschriften folgend, kann der geometrischen Regeln nicht entbehren. Wenn der Altar nicht genau in der anbefohlenen Gestalt erbaut ist, wenn eine Kante nicht rechtwinklig zur anderen steht, wenn in der Orientierung nach den Himmelsgegenden ein Fehler stattfand, so nimmt die Gottheit das ihr dargebrachte Opfer nicht an" (Cantor). So treten rituellen Vorschriften, die in den sog. *Kalpasutras* enthalten sind, die sog. *Culvasutras*, Schriften geometrisch-theologischen Charakters, zur Seite. In solchen, dem 4. oder 5. Jahrhundert v. Chr. angehörenden Schriften kommt z. B. zur Bestimmung des rechten Win-

Fig. 2.

6   1. Einiges aus der Geschichte des pythagor. Lehrsatzes

kels ein Dreieck mit den Seiten 15, 36 und 39 vor (vgl. Kapitel 6). Das Verfahren wird bei Cantor so beschrieben: Es wird eine genau von Ost nach West gerichtete Strecke, *prâcî* genannt, von 36 *Padas* (das ist das benutzte Maß) abgesteckt durch Pflöcke. An die Pflöcke befestigt man die Enden eines 54 *Padas* langen Seiles, in das vorher, 15 *Padas* von dem einen Ende entfernt, ein Knoten geschlungen ist. Jetzt spannt man das Seil durch einen Pflock an der Stelle des Knotens und erhält so einen rechten Winkel.

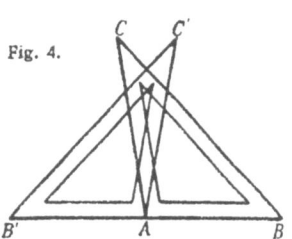

Fig. 3.

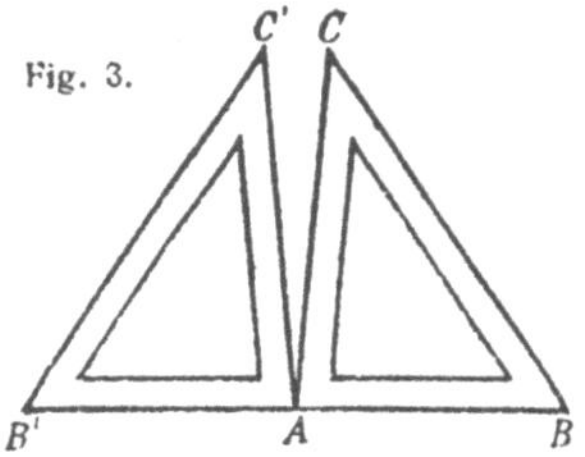

Fig. 4.

Für die geometrische Ausziehung der Quadratwurzel werden die folgenden, auf dem pythagoreischen Lehrsatz fußenden Regeln gegeben:

1) Das Seil, quer über das gleichseitige Rechteck gespannt, bringt ein Quadrat von doppelter Fläche hervor.

2) Das Seil, quer über ein längliches Rechteck gespannt, bringt beide Flächen hervor, welche die Seile längs der größeren und kleineren Seite gespannt hervorbringen.

Diesen zweiten Fall erkennt man an den Rechtecken, deren Seiten aus 3 und 4, aus 12 und 5, aus 15 und 8, aus 7 und 24, aus 12 und 35, aus 15 und 36 Längeneinheiten bestehen.

Die erste Regel spricht den pythagoreischen Lehrsatz für gleichschenklig-rechtwinklige Dreiecke aus. Die Richtigkeit des Satzes ist in diesem Falle sofort aus der Zeichnung (Fig. 5) zu erkennen. Die zweite Regel wird aus den einzelnen angeführten Beispielen, die uns später im 6. Kapitel wieder begegnen, als allgemein richtig erschlossen. Daß es sich hier tatsächlich um ein geometrisches Ausziehen der Quadratwurzel handelt, ist leicht einzusehen. Die Diagonale d des Rechtecks (Fig. 6) ist nämlich

$$d = \sqrt{a^2 + b^2},$$

wenn a und b die Seiten des Rechtecks sind.

Inder — Mittelalter

5. Für die weitere Entwicklung der Mathematik sind die Inder wenig, die Chinesen gar nicht von Bedeutung gewesen, erst die Neuzeit hat von den umfangreichen mathematischen Kenntnissen dieser Völker erfahren. Der Weg aus dem Altertum ins Mittelalter führt von den Griechen über die Araber.

Dem Mittelalter bedeutete der pythagoreische Lehrsatz, der *magister matheseos*, die Grenze, wenn auch nicht des maximalen, so doch des durchschnittlichen Maßes mathematischer Kenntnisse. Die typische Pythagorasfigur, die heute zu einem talartragenden Professor (Fig. 8) oder einem kiepentragenden Männchen (vgl. auch Fig. 7 und 9) vervollständigt das Heft des Tertianers schmückt, aus 9 + 16 + 25 Bierfilzen hergestellt auch manche Studentenbude, wurde in jener symbolfreudigen Zeit zum oft benutzten Zeichen der Mathematik. Häufig begegnen wir dem „Pythagoras" im Gemälde, im Mosaik des Mittelalters und noch heute im Wappen der mathematischen Vereine an den deutschen Hochschulen.

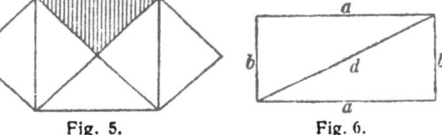

Fig. 5.   Fig. 6.

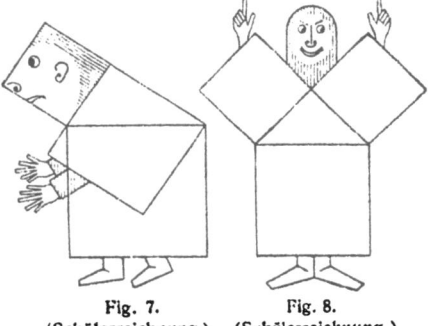

Fig. 7.
(Schülerzeichnung.)

Fig. 8.
(Schülerzeichnung.)

6. Es sei an den Schluß dieses einleitenden Kapitels eine Anzahl verschiedener Fassungen des pythagoreischen Lehrsatzes in griechischer, lateinischer und deutscher Sprache gesetzt (z. T. nach Tropfke).

Bei Euklid lautet der Satz: Ἐν τοῖς ὀρθογωνίοις τριγώνοις τὸ ἀπὸ τῆς τὴν ὀρθὴν γωνίαν ὑποτεινούσης πλευρᾶς τετράγωνον ἴϲον ἐϲτὶ τοῖς ἀπὸ τῶν τὴν ὀρθὴν γωνίαν περιεχουϲῶν πλευρῶν τετραγώνοις. Das heißt in wörtlicher Verdeutschung: In den rechtwinkligen Dreiecken ist das Quadrat über der den rechten Winkel unterspannenden Seite gleich den Quadraten über den den rechten Winkel einschließenden Seiten.

Eine von **Gerhard von Cremona** (Anfang des 12. Jahrh.) gegebene lateinische Übersetzung der arabischen Fassung bei **Annairizi** (um 900 n. Chr.) lautet: *Omnis trianguli orthogonii quadratum factum ex latere subtenso angulo recto equale est conjunctioni duorum quadratorum, que fiunt ex duobus lateribus, que continent angulum rectum.* Das heißt auf Deutsch: In jedem rechtwinkligen Dreieck ist das über der dem rechten Winkel unterspannten Seite gebildete Quadrat gleich der Summe der beiden Quadrate, die aus den beiden Seiten, die den rechten Winkel enthalten, gebildet werden.

Fig. 9.
Aus einem Rechenbuch von Hanft.

In der *Geometria Culmonensis* (um 1400) heißt es: Alzo wirt das vierkante velb, gemeſſen vz der langen want, alzo groß alz dy beybe virkante, dy do werden gemeſſen von den czwen wenben des geren, dy do ezuſamene treten in dem rechten wynkel.

Das „Rechenbuch" des **Simon Jacob**, Frankfurt 1565, sagt: Es iſt zu mercken, daß in einem jeden triangulo Orthogonio | die beybe quabrat baſis vnd catheti ſammentlich ſo viel thun als das quabrat Hypothenuſe.

Es mag auffallen, daß das Wort Hypotenuse hier fälschlich mit th geschrieben ist; das ist nicht ein einzelnes Versehen, vielmehr schrieb man in jener Zeit, obwohl man doch die Herleitung aus dem Griechischen selbst vorgenommen hatte, häufig ein th an Stelle des t. — Dieser Fehler ist ja heute in jeder Schule immer wieder zu bekämpfen. Man hat wohl die Regel aufgestellt: Nur die Kathete **hat ein ha**! oder: in beiden Worten, in Kathete und Hypotenuse, kommt jedesmal nur **ein h** vor.

In der Euklidübersetzung von Samuel Reyher 1697 heißt es: In jedwedem rechtwincklichten Dreyeck iſt das gleichſeitige und gleichwinklichte Viereck, welches von dem Strich, ſo dem rechten Winkel entgegenſtehet, gemacht wird, ebenſo groß, als die beeden Vierecke zuſammen, welche von den beeden Seiten, ſo den rechten Winkel begreiffen, gemacht werden.

2. ZERLEGUNGSBEWEISE

1. Man zeichne ein Quadrat *ABCD* von 7 cm Seitenlänge (Fig. 10 ist verkleinert). Von *A* aus trage man dann auf *AB* wie auf *AD* je 3 cm ab bis *E* und *F* und ziehe durch diese beiden Punkte Parallelen zu den Quadratseiten. In unserer Figur sind der Schnittpunkt mit *DC* durch *G*, derjenige mit *BC* durch *H* und schließlich noch der Durchschnitt von *EG* und *FH* mit *J* bezeichnet. Das ursprüngliche Quadrat mit der Seitenlänge 7 ist jetzt in vier Teilfiguren zerfallen: 1. ein Quadrat mit der Seite 3 cm, 2. ein Quadrat mit der Seite 4 cm, 3. u. 4. zwei gleiche Rechtecke, die durch die anstoßenden Seiten von 3 cm und 4 cm gekennzeichnet sind.

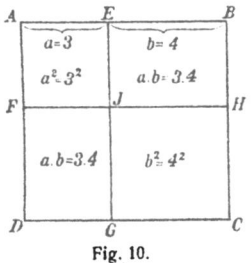

Fig. 10.

Wir erinnern uns, daß man den Flächeninhalt eines Quadrates in qcm erhält, wenn man die Seitenlänge, in cm gemessen, mit sich selbst multipliziert. Den Flächeninhalt eines Rechtecks erhält man, wenn man die Maßzahlen zweier anstoßenden Seiten miteinander multipliziert. So betrachtet gibt die Figur ein geometrisches Bild für die Beziehung

$$7^2 = 3^2 + 4^2 + 2 \cdot 3 \cdot 4,$$

oder, wenn ich darin noch für 7 die Summe $3 + 4$ setze:

$$(3 + 4)^2 = 3^2 + 4^2 + 2 \cdot 3 \cdot 4.$$

In der Tat kommt beiderseits 49 heraus.

Wir sind bei unserer Überlegung von den Zahlen 3, 4, 7 ausgegangen; diese Wahl der Zahlen war aber eine ganz willkürliche. Ein Ergebnis bekommen wir in gleicher Weise, wenn wir von irgendwelchen Zahlen a, b und deren Summe $a + b$ ausgehen; wir erhalten nichts anderes als die ganz bekannte Formel

$$(a + b)^2 = a^2 + b^2 + 2ab.$$

Die geometrische Figur, die wir hier als Bild der Formel benutzt haben, ist schon bei Euklid, ebenso bei den Indern in vorchristlichen Zeiten bekannt gewesen. Die „allgemeine Regel für die Vergrößerung eines gegebenen Quadrates" ist dort in etwas unklarer Form so ausgesprochen: „Man füge das, was man mit der jedesmaligen Verlängerung umzieht, an zwei Seiten hinzu und an der Ecke das Quadrat, welches durch die betreffende Verlängerung hervorgebracht wird."

2. Wir wollen nun das Quadrat mit der Seitenlänge 7 noch einmal zeichnen, aber es in anderer Weise als oben zerteilen. Wieder tragen wir auf den Quadratseiten von den Eckpunkten aus 3 cm ab, diesmal aber so, wie es die Fig. 11 lehrt. Die erhaltenen Punkte E, F, G, H verbinde ich miteinander und erhalte ein Viereck $EFGH$ und vier rechtwinklige Dreiecke in den Ecken des ursprünglichen Quadrates. Die Dreicke sind kongruent nach dem ersten Kongruenzsatz, denn sie stimmen in zwei Seiten und dem eingeschlossenen Winkel überein. Also sind die Hypotenusen, wir wollen sie

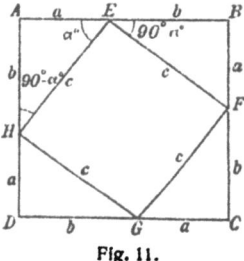

Fig. 11.

c nennen, aller dieser Dreiecke gleich und das Viereck $EFGH$ ist ein gleichseitiges, ein Rhombus, wie man sagt. Der Leser wird aber schon gemerkt haben, daß dieses Viereck sogar ein Quadrat ist. Der Nachweis dafür ist leicht erbracht; hat nämlich etwa der Winkel AEH die Größe α, so bleibt in dem rechtwinkligen Dreieck AEH für den Winkel AHE nur $90° - \alpha$ übrig — nach dem Satze, daß die Winkelsumme im Dreieck $180°$ ist. Der Winkel BEF ist wegen der Kongruenz der Dreiecke ebensogroß wie der Winkel AHE, mithin muß der Winkel HEF gleich $90°$ sein, damit die Summe der drei Winkel mit dem Scheitelpunkt E gerade einen gestreckten Winkel bilde. — Man kann die gleiche Überlegung auch an den Ecken F, G und H des Rhombus anstellen; es genügt aber vollständig, sie einmal durchzuführen, denn ein gleichseitiges Viereck, das einen rechten Winkel hat, besitzt nur rechte Winkel.

Die Zerlegung des Quadrates in dieser Zeichnung ist, wenn wir gleich die allgemeinen Zahlen a und b an die Stelle der in unserer Figur gewählten besonderen Werte 3 und 4 setzen, und die auftretende Hypotenuse mit c bezeichnen,

$$(a + b)^2 = c^2 + 4 \cdot \frac{a \cdot b}{2},$$

denn der Inhalt des Quadrates im Innern mit der Hypotenuse

Zweifache Zerlegung eines Quadrates

c als Seite ist c^2 und jedes der vier rechtwinkligen Dreiecke hat den Inhalt $\frac{a \cdot b}{2}$. Kürzer schreiben wir das noch
$$(a+b)^2 = c^2 + 2ab.$$

Man kann auf Grund dieser Beziehung die Hypotenuse c ausrechnen, wenn für a und b Zahlenwerte gegeben sind; es ist z. B. für die oben benutzten Werte $a=3$ und $b=4$ nach der letzten Gleichung:
$$49 = c^2 + 2 \cdot 3 \cdot 4$$

und daraus ergibt sich für c^2 der Wert 25, für c der Wert 5.

3. Wir wollen nun das, was uns die beiden letzten Abschnitte gelehrt haben, in Zusammenhang bringen. Fassen wir die Sache zunächst von der arithmetischen Seite an. Wir sahen im Abschnitt 1, daß

(1) $\qquad (a+b)^2 = a^2 + b^2 + 2ab$

ist, und wir fanden im Abschnitt 2, daß

(2) $\qquad (a+b)^2 = c^2 + 2ab$

ist. Daraus folgt die Gleichung
$$a^2 + b^2 + 2ab = c^2 + 2ab$$
und nach Weglassen des beiderseits auftretenden Gliedes $2ab$

(3) $\qquad a^2 + b^2 = c^2.$

Darin sind a und b die Längen der Katheten, c ist die Länge der Hypotenuse eines rechtwinkligen Dreiecks.

Das ist nichts anderes als der pythagoreische Lehrsatz.

Wir wollen an diese arithmetische Ableitung der Gleichung noch eine Bemerkung knüpfen. Schon der Anfänger kennt die obige Formel (1); es ist eine der ersten Gleichungen, die ihm im Unterricht entgegentreten. Es handelt sich um eine **identische** Gleichung, d. h. sie gilt für ganz beliebig gewählte Werte a und b. In Gegensatz dazu steht die Gleichung (2); sie gilt nicht für irgendwelche beliebige Werte a, b und c, vielmehr stellt sie eine Beziehung her, welche gestattet, etwa c zu berechnen, wenn a und b gegeben sind — so wie wir es oben (Abschnitt 2) getan haben.

4. Manchem Mathematiker würde unsere in 3 gegebene Ableitung des pythagoreischen Lehrsatzes nicht behagen.

2. Zerlegungsbeweise

Er möchte gern derartige Vermischungen geometrischer und arithmetischer Methoden bei einem Beweise vermieden sehen; er will bei einem in erster Linie geometrischen Problem auch einen reinlich geometrischen Beweis.

Gerade bei der Flächenlehre hat sich dieses Bestreben auch schon in der Elementarmathematik deutlich gezeigt. Man faßt einmal die Fläche rein geometrisch, ohne jeden zahlenmäßigen Einschlag auf und beweist dann z. B.:

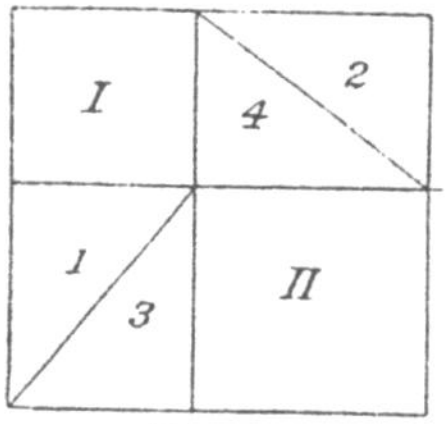

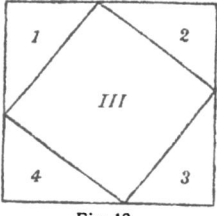

Fig. 12.

Fig. 13.

Zwei Parallelogramme sind flächengleich, wenn sie gleiche Grundlinie und Höhe haben.

Zwei Dreiecke sind flächengleich, wenn sie gleiche Grundlinie und Höhe haben.

Dieser „geometrischen" Flächenlehre, die in der Hauptsache auf eine Flächenvergleichung herauskommt, steht die „arithmetische" Flächenlehre gegenüber, die im wesentlichen Flächenberechnung ist. Das arithmetische Analogon zu den eben genannten Sätzen wäre:

Der Flächeninhalt eines Parallelogramms ist gleich dem Produkt aus Grundlinie und Höhe.

Der Flächeninhalt eines Dreiecks ist gleich dem halben Produkt aus Grundlinie und Höhe.

So hat auch unser pythagoreischer Lehrsatz ein zwiefaches Gesicht: Geometrisch können wir ihn so aussprechen: *Das Quadrat über der Hypotenuse eines rechtwinkligen Dreiecks ist flächengleich der Summe der beiden Kathetenquadrate.* Arithmetisch dagegen heißt der Satz: *Sind a und b die Maßzahlen der Katheten, c die Maßzahl der Hypotenuse eines rechtwinkligen Dreiecks, so gilt für diese Zahlen a, b und c die Gleichung*

$$a^2 + b^2 = c^2.$$

Es ist nun nicht schwer, dem arithmetisch angehauchten Beweis in 3 an der Hand unserer Überlegungen in 1 und 2 einen rein geometrischen Beweis zur Seite zu stellen.

Epsteinscher Zerlegungsbeweis

Zieht man in den Rechtecken der Fig. 10 noch je eine Diagonale, so erhält man die Fig. 12. Dann sind in den Figuren 12 und 13 die Dreiecke kongruent, mithin muß die Summe der Quadrate I und II gleich dem Quadrat III sein.

5. Es gibt eine ganze Reihe von Beweisen für den pythagoreischen Lehrsatz, bei denen man in der Weise verfährt, daß man die Kathetenquadrate wie das Hypotenusenquadrat derart in Stücke schneidet, daß jedem Stück im Hypotenusen-

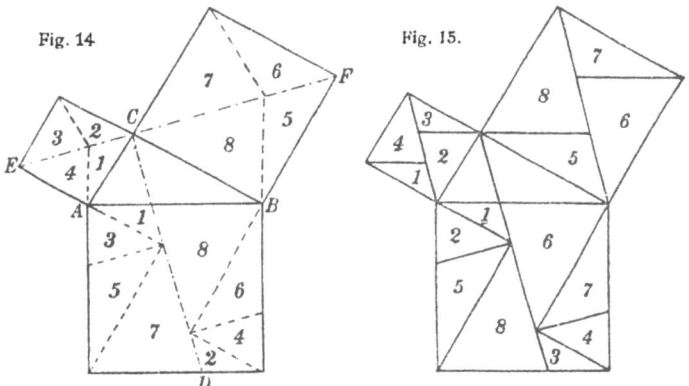

Fig. 14   Fig. 15.

quadrat ein kongruentes in den beiden Kathetenquadraten entspricht. Es genügt in allen diesen Fällen ein Blick auf die Figur, um den Beweis zu erfassen; er kann sich auf das eine Wort „Siehe!" beschränken, das uns in der Mathematik der Inder so häufig begegnet. Dabei ist dann allerdings hinzuzufügen, daß zu einem wirklich vollständigen Beweis auch noch der Nachweis der Kongruenz der entsprechenden Stücke gehört; den zu erbringen ist zwar immer leicht, aber nicht selten, besonders bei größerer Anzahl der Stücke, langweilig.

Ich beginne mit einem verhältnismäßig neuen Zerlegungsbeweis, von Epstein; er hat den Vorzug, daß nur Dreiecke auftreten. Zur Orientierung (Fig. 14) wird die Angabe genügen, daß EF, die durch C gehende Gerade, senkrecht zur Geraden CD steht.

Aufgabe 1: Beweise, daß EF durch C geht.
Aufgabe 2: Wie sieht die Zerlegung aus, wenn das rechtwinklige Dreieck gleichschenklig ist?

Math. Bibl. 3: Lietzmann, Der pythagor. Lehrsatz. 3. Aufl. 2

2. Zerlegungsbeweise

Man kann die Lage der Teildreiecke noch etwas übersichtlicher wählen, als das hier im Anschluß an die Darstellung von Epstein selbst geschehen ist. In der Fig. 15 sind die Hilfslinien nach einem Vorschlage von Nielsen geändert, auf der Tafel I ist eine sehr übersichtliche Anordnung von J. E. Böttcher angegeben worden.

Aufgabe 3: Führe den Beweis mit vollständigen Kongruenzbetrachtungen durch.

6. Eine Zerlegung, der man in Lehrbüchern nicht selten begegnet[1]), ist in der Figur 16 angedeutet. Durch die Mitte O des größeren Kathetenquadrates sind eine Parallele und eine Senkrechte zur Hypotenuse gelegt. Die Zuordnung der einzelnen Stücke ist aus der Figur ersichtlich.

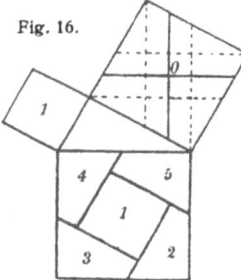

Fig. 16.

Aufgabe 4: Beweise, daß die Teilungslinien im Hypotenusenquadrat parallel zu den Katheten sind.

Aufgabe 5: Berechne, wie lang die Seiten der Teilvierecke des größeren Kathetenquadrates sind.

Es ist nicht nötig, für den Punkt O, durch den die Viertelung des größeren Kathetenquadrates charakterisiert ist, gerade den Mittelpunkt des Quadrates zu wählen. Wenn man durch die Ecken des Kathetenquadrates in der Weise, wie die punktierten Linien in der Figur 16 das angeben, Parallelen und Senkrechten zur Hypotenuse zieht, so wird im Innern ein kleineres Quadrat abgegrenzt. Man kann nun als Punkt O ebenso wie den Mittelpunkt irgendeinen beliebigen Punkt im Innern oder auf dem Rande dieses Quadrates wählen und im übrigen genau so verfahren wie oben. Natürlich sind dann die Teilvierecke nicht mehr untereinander kongruent, wie es der Fall ist, wenn der Mittelpunkt als Schnittpunkt gewählt wird.

Aufgabe 6: Zeichne für einen solchen Fall die Figur und überzeuge dich durch Zerschneiden von der Richtigkeit der Zerlegung.

Aufgabe 7: Untersuche, welche Gestalt diese Zerlegung im Falle eines rechtwinklig-gleichschenkligen Dreiecks annimmt.

---
[1]) Dieser „Schaufelradbeweis" rührt von Perigal her.

Annairizis Beweis

7. Es sei noch eine andere Zerlegung angeführt, bei der man auch mit 5 Teilstücken auskommt. Sie findet sich schon in einem arabischen Euklidkommentar des Annairizi um 900 n. Chr. In einer nur unwesentlich veränderten Form erscheint der Beweis 1824 neu bei Göpel.
Die Einteilung der Kathetenquadrate erhellt aus der beigegebenen Figur 17, welche die von Nielsen vorgeschlagene Abänderung des Beweises berücksichtigt. Zu der Einteilung des Hypotenusenquadrates braucht nur be-

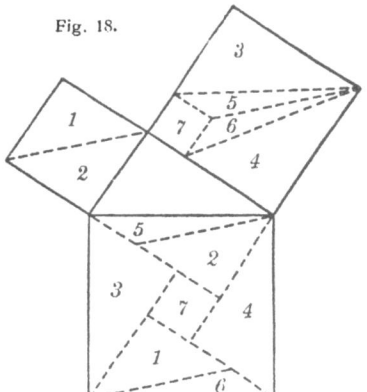
Fig. 18.

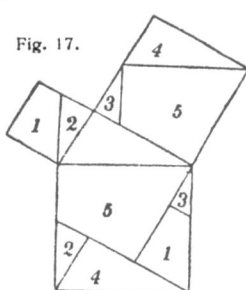
Fig. 17.

merkt zu werden, daß man das Stück 3 in der Weise erhält, daß man entweder die Hypotenuse oder die geeignete Kathete des kleinen rechtwinkligen Dreiecks 3 aus dem größeren Kathetenquadrat abträgt auf der Seite des Hypotenusenquadrates bzw. der Verlängerung der Seite des Kathetenquadrates. Daß diese Zerlegung nahe liegt, zeigt ein Blick auf Fig. 7, in der das größere Kathetenquadrat um die Kathete herumgeklappt ist.

Aufgabe 8: Beweise die Kongruenz der Teilstücke 1 bis 5 in den Kathetenquadraten mit den entsprechenden im Hypotenusenquadrat.
Aufgabe 9: Drücke die Seiten der auftretenden Teilstücke durch die Katheten a, b und die Hypotenuse c aus.
Aufgabe 10: Zeichne auch hier die Figur für das gleichschenklig-rechtwinklige Dreieck.

8. Fig. 18 zeigt eine Zerlegung, die sich besonders durch die übersichtliche Anordnung der Teilstücke auszeichnet. Man sieht der Figur auch sofort an, welche Vereinfachungen eintreten, wenn das rechtwinklige Dreieck gleichschenklig

wird. Diesen Zerlegungsbeweis hat in. etwas anderer Form ein junger Mathematiker Gutheil gefunden; er ist gleich beim Beginn des Krieges gefallen.

9. Neben den von uns angegebenen vier Zerlegungsbeweisen gibt es noch eine Reihe weiterer (siehe Tafel II und (S. 70) Wipper, Cramer, Versluys und Mahlo). Wir können uns mit dem Gebotenen begnügen, wollen aber noch einer Aufgabe näher treten. Man kann fragen, welches denn nun der einfachste überhaupt mögliche Zerlegungsbeweis sei. Will man nicht lediglich nach dem Gefühl urteilen, so kommt man nicht darum herum, den Begriff der Einfachheit mathematisch festzulegen. Wir brauchen nämlich, wenn wir über größere oder geringere Einfachheit der Beweise urteilen wollen, notwendig ein Maß für die Einfachheit. Welches Maß man wählt, das ist nicht eindeutig, es hängt von dem Gutdünken des einzelnen ab. Man kann als Maß für die Einfachheit etwa die Zahl der Hilfslinien oder die Zahl der Teilstücke wählen, oder auch diese beiden Dinge gleichzeitig berücksichtigen. Ein anderes Maß ist die Anzahl der Anwendungen von Dreieckskongruenzsätzen bei einem vollständig durchgeführten, nicht bloß anschaulich erfaßten Zerlegungsbeweis. In dieser letzten Fassung ist die Frage auf Anregung Bernsteins von Brandes untersucht worden. Den einfachsten Beweis zu finden kommt dabei darauf hinaus, festzustellen, welches die kleinste Anzahl von Dreiecken ist, in die das Hypotenusenquadrat zerlegt werden muß, derart, daß man zu den Einzelstücken kongruente Teilstücke in den Kathetenquadraten auffinden kann. Die Anzahl der Teildreiecke im Falle des Epsteinschen Beweises ist z. B. 8, bei dem in Abschnitt 6 behandelten Beweise haben wir 5 Vierecke, denen also 10 Dreiecke entsprechen; beim Beweis von Annairizi ist als Maß der Einfachheit die Zahl 7 anzusetzen.

Welches ist nun die überhaupt geringste Anzahl von Zerlegungsdreiecken? Kann man vielleicht mit noch weniger als 7 auskommen? Brandes hat nachgewiesen, daß in der Tat die Zahl 7 die niedrigste ist; danach müssen wir den Beweis von Annairizi als den einfachsten Zerlegungsbeweis ansehen. Dann folgen die Beweise von Epstein und Gutheil, erst später der Zerlegungsbeweis aus Abschnitt 6.

Additionsbeweise 17

Aufgabe 11: Untersuche, ob die Mindestzahl 7 auch dann beizubehalten ist, wenn es sich um besondere Fälle, z. B. um das rechtwinklig-gleichschenklige Dreieck handelt.

Wer nach dem Gefühl die Frage nach der größten Einfachheit beantwortet hat, dürfte vielleicht bei den eben genannten Beweisen gerade die umgekehrte Reihenfolge gewählt haben. Auch das hat seine mathematische Berechtigung: Man läßt sich bei diesem Urteil von einer Eigenschaft der Figuren bestimmen, die wir eben ganz aus dem Spiel gelassen haben, der Symmetrie. Fassen wir in allen drei Fällen nur das Hypotenusenquadrat ins Auge: dann weist die Figur im Falle des Beweises von Annairizi keine Symmetrie auf, etwas Symmetrie hat die Figur von Epstein, die gleiche die von Gutheil. Die größte Symmetrie — wenn dieser Ausdruck erlaubt ist — zeigt die Figur des noch übrigbleibenden Beweises. In der Tat, denken wir uns das Hypotenusenquadrat in zweifacher Ausführung auf Pauspapier gezeichnet und nun das obere Blatt um den Quadratmittelpunkt gedreht, so wird im Falle des Beweises von Annairizi eine vollständige Drehung um 360° nötig, um wieder Deckung mit der Figur im unteren Blatt zu haben. Bei dem Epsteinschen und dem Gutheilschen Beweis genügt eine Drehung um 180°, bei dem dritten sogar eine solche um 90°, um vollständige Deckung zu erhalten.

10. Wir lernten bisher, wenn wir von den einleitenden Abschnitten 1 bis 3 zu diesem Kapitel absehen, nur solche Beweise kennen, bei denen auf der einen Seite das Hypotenusenquadrat, auf der anderen Seite die Kathetenquadrate aus einzelnen Teilstücken lediglich additiv hergestellt wurden.

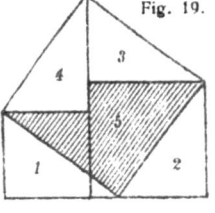

Fig. 19.

Wir nennen solche Beweise Additionsbeweise. Wir sind bei unseren Additionsbeweisen immer von der üblichen Lage der Quadrate an ihren entsprechenden Dreiecksseiten ausgegangen. In manchen Fällen erscheint eine andere Lage der Quadrate vorteilhafter. In der Figur 19 sind die beiden Kathetenquadrate stufenförmig nebeneinandergesetzt, der Inder nannte diese mit Sicherheit schon Ende des 9. Jahrhunderts n. Chr. nachgewiesene Figur

18   2. Zerlegungsbeweise

„den Stuhl der Braut". Wie das Hypotenusenquadrat eingezeichnet ist, ergibt sich aus der Figur. Beiden gemeinsam ist ein in der Figur schraffiertes unregelmäßiges Fünfeck 5. Treten dazu die Dreiecke 1 und 2, so erhalten wir die beiden Kathetenquadrate, treten die jenen früheren kongruenten Dreiecke 3 und 4 hinzu, so erhalten wir das Hypotenusenquadrat.

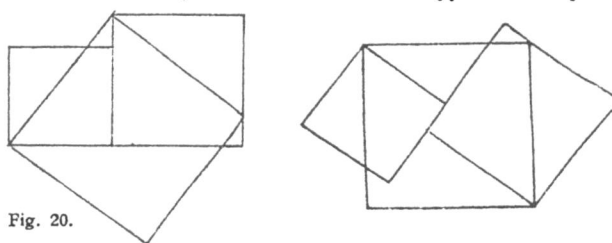

Fig. 20.

Aufgabe 12: Untersuche, was aus der Fig. 19 wird, wenn an die Stelle der Quadrate Rhomben treten.

Aufgabe 13 und 14: Fig. 20 und 21 stellen zwei der Figur 19 verwandte Lagen der Kathetenquadrate und des Hypotenusenquadrates dar. In Fig. 20 tritt der Stuhl der Braut auf. Führe für diese Figuren den Zerlegungsbeweis.

Wenn wir diesen Beweis auf seine Einfachheit untersuchen, so stoßen wir auf eine geringere Zahl als vorhin, auf 5. Das rührt aber offenbar von der besonderen Lage der Kathetenquadrate her. Wären diese getrennt, so wären noch einige weitere Hilfslinien nötig. Dann ist aber die Figur genau dieselbe, wie bei dem Zerlegungsbeweis des Annairizi. Das heißt, wir haben hier überhaupt nicht einen neuen Zerlegungsbeweis vor uns, sondern nur die Abänderung eines alten bekannten.

11. Den Additionsbeweisen der vorangegangenen Abschnitte stellen wir nun einige Subtraktionsbeweise gegenüber. Der Grundgedanke ist der: Von zwei gleichen Flächen werden flächengleiche Stücke abgezogen derart, daß einmal die beiden Kathetenquadrate, das andere Mal das Hypotenusenquadrat übrig bleiben. Wenn in

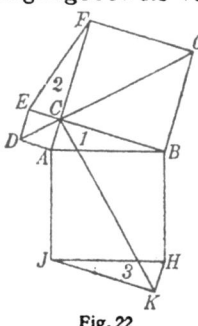

Fig. 22.

$A - B = C$ und $A' - B' = C'$

Subtraktionsbeweise

A flächengleich *A'* ist, *B* flächengleich *B'* ist, so ist auch *C* flächengleich *C'*.

Wir wollen das gleich an einem Beispiel erläutern: In der beigegebenen Figur 22 sind der gewöhnlichen Pythagorasfigur noch oben und unten die dem Ausgangsdreieck *ABC* kongruenten Dreiecke 2 und 3 angefügt. Die Verbindungsgerade *DG* geht durch *C*, was wir schon einmal benutzt haben (Abschnitt 5). Nun ist zunächst hier das Sechseck *DABGFE* flächengleich dem Sechseck *CAJKHB*, wie wir gleich beweisen wollen. Nehme ich dann von dem ersten Sechseck die Dreiecke 1 und 2 weg, so bleiben die Kathetenquadrate übrig, nehme ich von dem zweiten die kongruenten Dreiecke 1 und 3 fort, so bleibt das Hypotenusenquadrat übrig. Daraus ergibt sich die Flächengleichheit der beiden Kathetenquadrate auf der einen und des Hypotenusenquadrates auf der anderen Seite.

Es bleibt also nur noch übrig, die Flächengleichheit jener Sechsecke nachzuweisen. Nun halbiert *DG* das obere Sechseck und *CK* das untere. Drehe ich das halbe Sechseck *DABG* um *A* um den Winkel 90°, so fällt es auf *CAIK*. Sind die Hälften der Sechsecke flächengleich, so sind es auch die ganzen. — Man kann sich durch Drehen und Umklappen der betreffenden Teile, die man am besten aus Pappe ausschneidet, von dieser Flächengleichheit in anschaulichster Weise Rechenschaft geben.

Aufgabe 15: Zeige die Verwandtschaft dieses Subtraktionsbeweises mit dem Additionsbeweis von Epstein.

12. In dem eben gegebenen ersten Subtraktionsbeweis kostete einige Überlegung nur der Nachweis von der Flächengleichheit der Ausgangsfiguren, die subtrahierten Flächen waren allereinfachster Art. Von anderer Art sind die Beweise, die wir jetzt kennzeichnen wollen. Hier wählen wir als Ausgangsfiguren, aus denen durch Subtraktion von Stücken die gewünschten Quadrate gewonnen werden, nicht zwei verschiedene, sondern ein und dieselbe Figur.

Ich schließe die bekannte Figur zum pythagoreischen Dreieck in ein Rechteck ein, das durch die äußersten Seiten der Kathetenquadrate bestimmt ist (Fig. 23). In der Figur sind noch einige Seitenverlängerungen eingetragen derart, daß

2. Zerlegungsbeweise

das ganze Rechteck in eine größere Anzahl von Dreiecken, Rechtecken und Quadraten zerfällt:

Ich ziehe nun von der Fläche des Rechtecks zunächst so viel ab, daß nur das Hypotenusenquadrat übrig bleibt. Das ist:
1. Dreieck 1, 2, 3, 4
2. Rechteck 5
3. Rechteck 6 und Kathetenquadrat 8
4. Rechteck 7 und Kathetenquadrat 9.

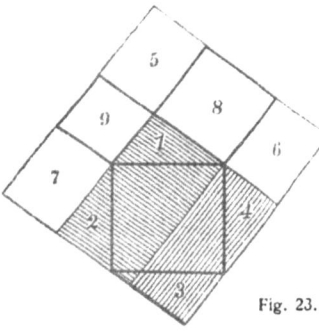

Fig. 23.

Zum zweiten ziehe ich von der Fläche des Rechtecks soviel ab, daß nur die beiden Kathetenquadrate übrig bleiben. Das ist:
1. Rechteck 6 und 7
2. Rechteck 5
3. Rechteck I (schraffiert)
4. Rechteck II (schraffiert).

Hier bedarf es nun einiger Überlegung für den Nachweis, daß die abgezogenen Stücke flächengleich sind. Daß sie hier bedarf so angeordnet sind, daß der Beweis leicht zu erbringen gleich, wird der Leser sogleich merken. Es sind nämlich, wie die Figur lehrt,

1. die vier Dreiecke 1, 2, 3, 4 flächengleich den Rechtecken 6 und 7,
2. Rechteck 5 flächengleich Rechteck 5,
3. Rechteck 6 und Kathetenquadrat 8 zusammen flächengleich Rechteck I,
4. Rechteck 7 und Kathetenquadrat 9 zusammen flächengleich Rechteck II.

Fig. 24.

Somit ist unser Beweis jetzt vollständig erbracht.

Aufgabe 16: Führe den Beweis noch einmal durch, doch in der Weise, daß für die auftretenden Flächen ihr zahlenmäßiger Wert, ausgedrückt durch a, b und c, gesetzt wird.

Aufgabe 17: Man kann den Beweis etwas vereinfachen, wenn man darauf verzichtet, ein die ganze Figur umschließendes Recht-

Subtraktionsbeweise 21

eck zum Ausgang zu wählen. Das ist in Fig. 24 ausgeführt; außerdem aber sind die Teilflächen anders gewählt. Zeige, daß Fig. 24 nichts anderes ist als die Vereinigung der beiden Figuren 10 u. 11.

13. Von der Art des Beweises in Nr. 12 kann man nun eine ganze Reihe erbringen. Nur der Weg zu ihnen sei angedeutet.

Man denke sich die drei Quadrate an dein rechtwinkligen Dreieck nicht fest, sondern mit Scharnieren beweglich. Dann ist die Lage der Quadrate, von der wir im vorangehenden Abschnitt ausgingen, dadurch charakterisiert, daß alle Quadrate nach außen geklappt sind. Man kann nun ebenso auch das eine oder andere Quadrat nach innen umklappen. So erhält man die folgenden Möglichkeiten:
1. Alle Quadrate nach außen geklappt.
2. Alle Quadrate nach innen geklappt.
3. Die Kathetenquadrate nach außen, das Hypotenusenquadrat nach innen geklappt.
4. Die Kathetenquadrate nach innen, das Hypotenusenquadrat nach außen geklappt.
5. Ein Kathetenquadrat nach innen, eines nach außen, das Hypotenusenquadrat nach außen geklappt.
6. Ein Kathetenquadrat nach innen, eines nach außen, das Hypotenusenquadrat nach innen geklappt.

In den letzten Fällen kann eine weitere Unterteilung noch dadurch bewirkt werden, daß einmal das größere, das andere Mal das kleinere Kathetenquadrat nach außen geklappt ist.

In jedem dieser Fälle kann ein Zerlegungsbeweis nach dem Muster des in 11 gegebenen erbracht werden.

Aufgabe 18: Zeichne für einen der Fälle 2 bis 6 die Figur, das umhüllende Rechteck und erbringe durch Diskussion der Teilfiguren den Zerlegungsbeweis.

Hier soll nur an die Lage 3 ein ganz einfacher Beweis angeknüpft werden, der übrigens im wesentlichen sich wieder mit dem Beweis von Annairizi deckt (vgl. besonders Fig. 24 dazu). Wieder wird das umhüllende Rechteck, diesmal ist es ein Quadrat, gezeichnet (Fig. 25). Das ursprüngliche rechtwinklige Dreieck tritt dann, wenn noch eine Diagonale gezogen wird, siebenmal in kongruenter Form auf.

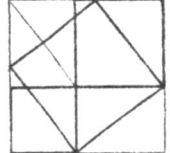

Fig. 25.

2. Zerlegungsbeweise

Indem ich von dem umhüllenden Quadrat jedesmal vier Dreiecke abziehe, erhalte ich einmal die beiden Kathetenquadrate, das andere Mal das Hypotenusenquadrat.

Aufgabe 19: In der Fig. 25 geht die Diagonale von dem Scheitel des rechten Winkels im Grunddreieck aus; beweise, daß diese Diagonale senkrecht zur Hypotenuse des Grunddreiecks steht. Wie steht es damit, wenn das Hypotenusenquadrat nach außen geklappt ist? – Die Tatsache war nach Annairizi bereits Heron bekannt.

14. Man kann diesen Zerlegungsfällen immer in recht einfacher Weise auch in arithmetischer Form folgen. Es sei aber noch ein außerordentlich klares Beispiel beigebracht, das historisch von Interesse ist. Es findet sich nämlich, mit dem stereotypen „Siehe" versehen, bereits bei den Indern – in der Geometrie des Bhâskara (geb. 1114 n. Chr.), dann aber auch bei den Chinesen, wo seine Kenntnis möglicherweise bis 1000 v. Chr. zurückreicht (vgl. Abschnitt 2 des 1. Kapitels und Fig. 1). Die Fig. 26 ist der in einem früheren Beweis (Abschnitt 7) benutzten wenigstens ihrer Struktur nach recht ähnlich.

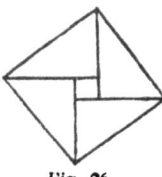
Fig. 26.

Das in Rede stehende rechtwinklige Dreieck ist hier in das Hypotenusenquadrat viermal in geeigneter Weise hineingepackt, und es bleibt dann noch ein kleines Quadrat in der Mitte frei, dessen Seite, wenn a die größere, b die kleinere Kathete ist, die Länge $a-b$ hat. Es ist also das Hypotenusenquadrat

$$c^2 = 4 \cdot \frac{ab}{2} + (a-b)^2.$$

Löst man die Klammern auf, so erhält man daraus sofort

$$c^2 = a^2 + b^2.$$

Aufgabe 20: Der entsprechende geometrische Beweis soll in der Weise erbracht werden, daß die 5 Teilstücke des Hypotenusenquadrates auf die als „Stuhl der Braut" (vgl. Abschnitt 10) zusammengelegten Kathetenquadrate verteilt werden. Schneide die Teilstücke aus und probiere die Verteilung der Kathetenquadrate in der Weise der bekannten Geduldspiele oder „Kopfzerbrecher" aus.

15. Den Beschluß dieses Abschnittes mögen zwei Beweise machen, die auch durch Rechnung geführt werden, aber aus der Reihe der bisher erbrachten herausfallen. Der erste ist

Arithmetische Beweise

1909 von einem Engländer, C. Hawkins, veröffentlicht worden; ob er schon älter ist, ist mir nicht bekannt.

Das bei C rechtwinklige Dreieck ABC ist um C um $90°$ in die Lage $C'CB'$ gedreht (Fig. 27). Dann ist die Verlängerung von $B'C'$ über C' bis zum Schnitt D mit AB Höhe in dem Dreieck $B'AB$. Ich betrachte jetzt das Viereck $C'AB'B$. Es läßt sich einmal zerlegen in die beiden gleichschenkligen Dreiecke CAC' und CBB', zum andern in die beiden Dreiecke $C'B'A$ und $C'B'B$. Der Inhalt von $\triangle CAC'$ ist $\frac{b^2}{2}$, der von $\triangle CBB'$ ist $\frac{a^2}{2}$, mithin ist der Inhalt des Vierecks $C'AB'B$

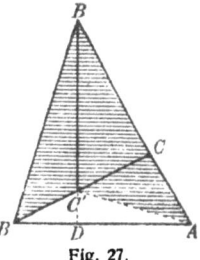

Fig. 27.

$$J = \frac{a^2 + b^2}{2}.$$

Die Dreiecke $C'B'A$ und $C'B'B$ haben die gleiche Grundlinie c und die Höhen DA und DB, mithin ist andererseits der Inhalt des Vierecks $C'AB'B$

$$J = \frac{c \cdot DA}{2} + \frac{c \cdot DB}{2} = \frac{c}{2}(DA + DB) = \frac{c^2}{2}.$$

Durch Vergleichung der beiden Ausdrücke für den Inhalt des Vierecks ergibt sich

$$a^2 + b^2 = c^2.$$

16. Die Entstehung der Figur 28 ist ohne weiteres ersichtlich. Als Flächeninhalt der Figur erhält man, wenn man sie als Summe von drei Dreiecken betrachtet

$$f = 2 \cdot \frac{a \cdot b}{2} + \frac{c^2}{2}.$$

Andererseits hat die Figur als Trapez den Flächeninhalt

$$f = \frac{a+b}{2}(a+b).$$

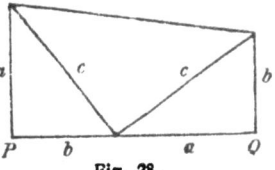

Fig. 28.

Setzt man beide Ausdrücke gleich, dann erhält man

$$c^2 = a^2 + b^2.$$

3. Der pythagoreische Lehrsatz im Euklidischen System

Der Beweis ist 1882 von Garfield veröffentlicht worden, der 1881 Präsident der Vereinigten Staaten wurde.

Aufgabe 21: Decke die Beziehung des Beweises von Garfield zu der bei unserem allerersten Beweis gebrauchten Fig. 11 auf.

Aufgabe 22: Spiegele die Figur an PQ und benutze die Zerlegung der Figur, die du dann erhältst.

17. Auf den Zusammenhang gewisser Zerlegungsbeweise fällt Licht, wenn man von einem einfachen Parkettierungsproblem ausgeht, auf das jüngst F. Bernstein hinwies[1]). Wir weisen zunächst darauf hin, daß man im Falle des gleichschenklig-rechtwinkligen Dreiecks und der Zerlegungsfigur 5 auf die sehr naheliegende Beziehung zur Parkettierung in der Form eines gewöhnlichen Quadratnetzes kommt. Ein Blick auf die Figur a der Seite 25 macht alles klar.

Es ist nun eine zunächst wohl überraschende Tatsache, daß auch der aus den beider Kathetenquadraten zusammengesetzte „Stuhl der Braut" zur Parkettierung geeignet ist, d. h. daß man unter Aneinanderfügung dieser Figur die Ebene lückenlos und ohne Überdeckung ausfüllen kann. Die Figuren b bis d der Seite 25 zeigen als Untergrund diese Parkettierung. In allen drei Fällen ist nun über diesen Grund eine zweite, quadratische Parkettierung gelegt. Die Figuren unterscheiden sich nur durch die Lage, nicht durch die Größe der Quadrate. Als Eckpunkte sind im ersten Falle die Mittelpunkte der großen Kathetenquadrate, im zweiten Falle gleichliegende Ecken der kleinen Kathetenquadrate gewählt. Im dritten Falle liegen die Ecken in der Nähe des Mittelpunktes des großen Kathetenquadrates. Es steht dem nichts im Wege, auch noch andere Lagen zu wählen.

In allen Fällen wird die Ebene vollständig einmal von dem Quadratnetz, zum andern vom Stuhlnetz bedeckt. Quadrat und Stuhl der Braut sind also flächengleich. Freilich muß man da vom Standpunkte einer strengen Behandlung aus einen Einwand erheben. Solange es sich um ein endliches Stück der Ebene handelt, wird der Rand dieses Stückes niemals zugleich auch Rand des Stuhlnetzes und des Quadratnetzes sein. Wenn wir aber die ganze unendliche Ebene

---

[1]) Vergl.: Der Pythagoräische Lehrsatz, Zeitschrift für math. u. naturwiss. Unterricht 55 (1924) S. 204 ff.

Parkettierung

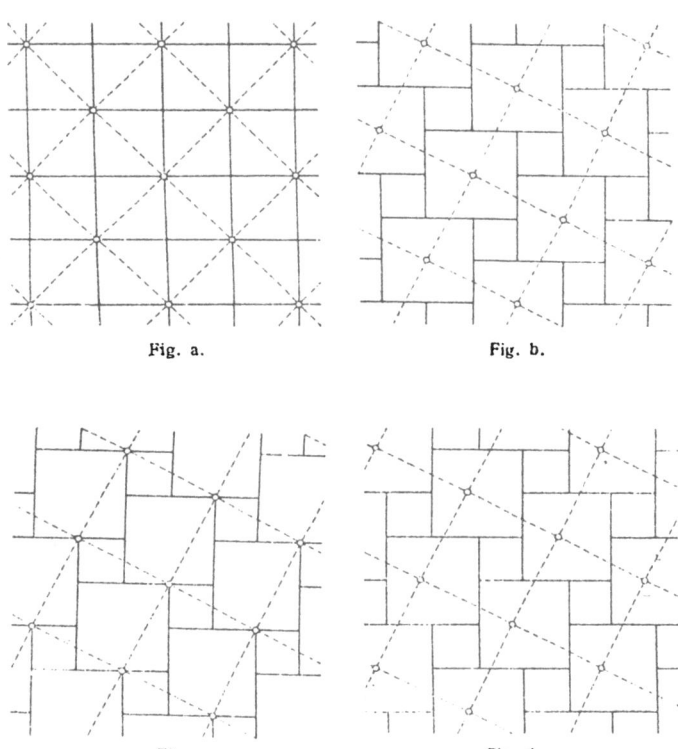

Fig. a. Fig. b.

Fig. c. Fig. d.

betrachten, dann liegen die Schwierigkeiten im Hineinspielen des Unendlichen. Wir wollen hier auf solche, Grenzbetrachtungen erfordernden Überlegungen nicht eingehen, zumal der eine oder andere von den Lesern ihre Notwendigkeit nicht recht einmal einsehen wird. Nur soviel mag gesagt werden, daß, je größer das betrachtete parkettierte Gebiet gewählt wird, umso geringfügiger der auf das einzelne Quadrat und den einzelnen Brautstuhl entfallende Fehler ist, der sich aus dem Nichtzusammenfallen der Konturen beider Parkettierungsarten ergibt.

Betrachten wir nun einmal die Figuren b bis d näher. Fig. b zeigt die uns vom „Schaufelradbeweis" her bekannte

26 3. Der pythagoreische Lehrsatz im Euklidischen System

Zerlegung des Hypotenusenquadrates (Fig. 16); Fig. d deutet an, was aus dieser Zerlegung wird, wenn der Schnittpunkt O der Trennlinien im größeren Kathetenquadrat nicht zentral gewählt wird; Fig. c endlich liefert die von dem Annairizi-Beweis her bekannte Fig. 19.

3. DER PYTHAGOREISCHE LEHRSATZ IM EUKLIDISCHEN SYSTEM

1. Ein Beweis für den Lehrsatz des Pythagoras, der wohl in keinem Lehrbuch der Elementarmathematik fehlt, ist der von Euklid in seinen Elementen gegebene und nach dem Zeugnis von Proklos (Byzanz) auch von Euklid selbst gefundene. Man hat lebhafte Einwendungen gegen den Euklidischen „Mausefallenbeweis des pythagoreischen Lehrsatzes" (Schopenhauer, Über die vierfache Wurzel des Satzes vom zureichenden Grunde) erhoben, und noch heute werden manche nicht müde, Schopenhauers Worte (Die Welt als Wille und Vorstellung) zu wiederholen:

„Des Euklides stelzbeiniger, ja hinterlistiger Beweis verläßt uns beim Warum, und beistehende, schon bekannte, einfache Figur[1]) gibt auf einen Blick weit mehr, als jener Beweis, Einsicht in die Sache und innere feste Überzeugung von jener Notwendigkeit und von der Abhängigkeit jener Eigenschaft vom rechten Winkel.

„Auch bei ungleichen Katheten muß es sich zu einer solchen anschaulichen Überzeugung bringen lassen, wie überhaupt bei jeder möglichen geometrischen Wahrheit, schon deshalb, weil ihre Auffindung allemal von einer solchen angeschauten Notwendigkeit ausging und der Beweis erst hinterher hinzu ersonnen wird."

Nun, wir haben im vorangegangenen Kapitel eine ganze Fülle von Beweisen kennen gelernt, die die von Schopenhauer angezeigte Lücke ausfüllen, können auch Schopenhauer nicht den Vorwurf ersparen, daß ohne jenes recht

---

[1]) Die Figur, die Schopenhauer meint, ist unsere Fig. 5. Sie ist ganz gewiß auch Euklid bekannt gewesen; jedenfalls spielt sie bei Plato eine Rolle.

oberflächliche Hinweggleiten über die Frage auch ihm die Mehrzahl dieser Beweise zu Gebote gestanden hätte.

Jetzt hört man nun aber nicht selten vom Mathematiker, der einfachste Beweis für unseren Lehrsatz sei nicht irgendeiner der Zerlegungsbeweise, sondern eben der Euklidische. Wie sind diese Gegensätze zu erklären?

Wenn wir uns zunächst einmal die Darstellung bei Euklid ansehen, die in ähnlicher Fassung in jedem mathematischen Schulbuche wiederkehrt, so sei zunächst über die Form ein Wort gesagt. Euklid gibt alle seine Beweise und Konstruktionen in synthetischer Form, d. h. er deutet nicht an, wie er auf diesen Beweis gekommen ist, warum er hier diese Hilfslinie zieht, dort jenen früheren Satz anwendet; erst ganz am Schluß merkt man, daß das alles seinen guten Zweck gehabt hat, daß man so zum erstrebten Ziel gekommen ist. Wer nun einfach blindlings und ohne eigenes Nachdenken getreulich Schritt für Schritt Euklid folgt, dem wird nachher wirklich die ganze Sache wie eine Mausefalle vorgekommen sein.

Wer sich hingegen erinnert, wie die gleiche Sache in der Schule gemacht wurde, früher vielleicht noch nicht in jeder, aber jetzt doch schon in den meisten, der wird eine ganz andere Methode im Sinne haben. Zunächst einmal wird er das Rüstzeug von Sätzen, das Euklid benutzt, im Kopfe gehabt haben und wird nicht der Hinweise „nach Satz x" oder „nach Konstruktion y" bedürfen, die Euklid so sorgsam für manche seiner Leser anfügen zu müssen meinte. — Was aber wichtiger ist, man wird mit dem Schatze der bisher bewiesenen Sätze selbst an das Problem herangehen, selbst an der Hand des leitenden Lehrers zu ergründen suchen, wie man wohl zum Beweise gelangen könnte. Man wird probieren, wie Euklid probiert hat, wenn er auch davon nichts verrät; man wird das Streben haben, beim pythagoreischen Lehrsatz wie bei allen elementar-mathematischen Sätzen das Beweisen, nicht den und den Beweis zu lernen.

Doch sehen wir von dieser Seite der Frage jetzt ganz ab. In welcher Richtung sind die Vorzüge des Euklidischen Beweises zu suchen? Wir stellen zunächst fest, daß bei Euklid der pythagoreische Lehrsatz nicht, wie es in der vorliegenden kleinen Darstellung der Fall ist, eine von den verschie-

3. Der pythagoreische Lehrsatz im Euklidischen System

densten Seiten zu beleuchtende, im Zentrum des Ganzen stehende mathematische Tatsache ist, sondern ein Glied in einer langen Kette von Sätzen, eine Einzeltatsache in einem großen System mathematischer Wahrheiten.

Und dieses System ist von der Art, daß jedes neue Glied durch lediglich logische Schlüsse aus früheren Gliedern der Kette abgeleitet wird. Jeder Beweis gründet sich auf frühere Lehrsätze. Da bei diesem Verfahren irgendwo ein Anfang sein muß, so stehen an der Spitze des Ganzen einige wenige Grundsätze. — Wenn übrigens die moderne Wissenschaft in dieser Folge in der Euklidischen Darstellung einige Unzulänglichkeiten entdeckt hat, was hier nur nebenbei angemerkt sei, so tut das dem Grundgedanken keinen Abbruch.

Das System ist in erster Linie ein logisches; das anschauliche Moment, wie es uns in den Zerlegungsbeweisen entgegentrat, ist in dem Euklidischen Verfahren nicht das erste Erfordernis, ja genau betrachtet geradezu Nebensache.

In diesem System erhält der pythagoreische Lehrsatz seine Stelle als einer der Sätze der Flächenlehre. Euklid beginnt mit den einfachsten geschlossenen Figuren, mit Dreieck und Parallelogramm, dann folgt unser Satz. Für Euklid wird unter diesen Umständen derjenige Beweis der einfachste gewesen sein, bei dem die Zahl der Anwendungen vorangehender Sätze möglichst gering war. Von diesen Sätzen stand ihm ein größeres Material zur Verfügung, als in jenen Einfachheitsbetrachtungen in Frage kam, von denen wir im vorangegangenen Kapitel (Abschnitt 9) berichteten. Dort kommen neben dem Begriff der Zerlegungsgleichheit nur die Kongruenzsätze in Betracht, hier kommen noch die Sätze aus der Flächenlehre hinzu.

Wir wollen nun einmal die Anzahl der Satzanwendungen beim Euklidischen Beweis feststellen. Ich beschränke mich dabei auf den Nachweis der Gleichheit des einen Kathetenquadrates und des zugehörigen Teilrechtecks (man hat diesen Teil des pythagoreischen Satzes wohl auch den Satz von Euklid genannt).

Wir merken zunächst an, daß insgesamt drei Hilfslinien nötig sind, CF, DB und CE in Fig. 29. Von Sätzen ist nur anzuwenden einmal der 1. Kongruenzsatz und zweimal der Satz, daß ein Parallelogramm, das mit einem Dreieck gleiche

Grundlinie und gleiche Höhe hat, den doppelten Flächeninhalt des Dreiecks besitzt.

Man wird jetzt verstehen, daß von dem ganzen Satzsystem Euklids aus betrachtet der Beweis als außerordentlich einfach zu bezeichnen ist.

2. Für den Euklidischen Beweis sind zwei Dinge charakteristisch. Es ist das einmal der Umstand, daß im Hypotenusenquadrat in einfachster Weise ein dem einzelnen Kathetenquadrat flächengleiches Teilrechteck

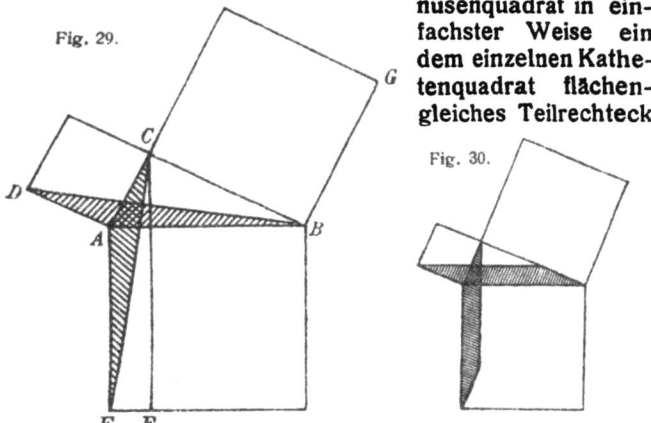

Fig. 29.

Fig. 30.

ausfindig gemacht wird. Das zweite ist, daß zum Nachweis dieser Flächengleichheit als tertium comparationis ein geeignetes, in zweifacher Lage (um den einen Endpunkt um 90° gedreht) auftretendes Dreieck benutzt wird. Man kann nun leicht an die Stelle dieses Dreiecks auch ein Parallelogramm setzen, das dieselben Dienste tut. Es genügt, auf die beigegebene Fig. 30 zu verweisen.

Aufgabe 23: Beweise, daß die größten Seiten des beim Beweis von Euklid zweifach auftretenden Hilfsdreiecks senkrecht aufeinander stehen! Die Tatsache ist bereits arabischen Mathematikern bekannt gewesen.

Aufgabe 24: In die Fig. 29 zeichne auch das zur Umwandlung des anderen Kathetenquadrates zu benutzende Hilfsdreieck ABG ein. Was ist über den Schnittpunkt von DB und AG auszusagen?

Aufgabe 25: Führe den Beweis mit dem Parallelogramm als Hilfsfigur in Euklidischem Sinne streng durch; zeichne die Figur auch für die Verwandlung des größeren Kathetenquadrates.

3. Der pythagoreische Lehrsatz im Euklidischen System

3. Wir hatten im Abschnitt 13 von Kapitel 2 sechs verschiedene Lagen der drei Quadrate in bezug auf das Dreieck angegeben. Wie bei dem dort angedeuteten Zerlegungsbeweis kann man auch bei dem Euklidischen Beweis statt von der gewählten von jeder anderen Lage ausgehen; man wird in jedem Falle zu einem Beweise gelangen. In manchen Fällen treten kleine, allerdings unwesentliche Vereinfachungen auf. Wir greifen einen Fall heraus und überlassen es dem Leser, sich an weiteren Beispielen zu versuchen.

Es sei eines der Kathetenquadrate, in der Figur 31 ist es das größere, nach innen geklappt. Dann geht die Verlängerung der äußersten Seite des umgeklappten Kathetenquadrates durch die eine Ecke des Hypotenusenquadrates. Der Beweis gestaltet sich nun in diesem Falle für das umgeklappte Quadrat dadurch sehr einfach, daß man hier mit einem einzigen Vergleichsdreieck auskommt (es ist in der Figur schraffiert). Dieses Dreieck ist die Hälfte der Quadratfläche und gleichzeitig die Hälfte der Rechtecksfläche.

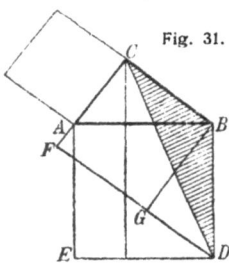

Fig. 31.

Aufgabe 26: Führe den strengen Beweis dafür, daß die Verlängerung von FG durch D geht.

4. Nur ganz kurz wollen wir bei der Frage verweilen, welche Sätze im Euklidischen System dem pythagoreischen Satze folgen. Ich will diese Sätze nur nennen und überlasse es dem Leser, die Beweise an der Hand irgend eines geometrischen Lehrbuches durchzudenken. Zunächst ist von Wichtigkeit, daß der pythagoreische Lehrsatz umkehrbar ist. Man nimmt das gemeinhin oft als Selbstverständlichkeit hin, während es das doch durchaus nicht ist. Wenn die Berliner Deutsche sind, so folgt eben daraus noch lange nicht, daß die Deutschen Berliner sind. Es bedarf also allerdings eines, übrigens recht einfachen, Beweises für den Satz: *Wenn das Quadrat über einer Seite eines Dreiecks flächengleich ist der Summe der Quadrate über den beiden anderen Seiten, so ist das Dreieck rechtwinklig, und zwar liegt der rechte Winkel der zuerstgenannten Seite gegenüber.*

Ein anderer Satz ist eine Verallgemeinerung des

pythagoreischen Satzes: *In jedem Dreieck ist das Quadrat über einer Seite gleich der Summe der Quadrate über den beiden anderen Seiten, vermindert oder vermehrt um das doppelte Rechteck der einen dieser Seiten und der Projektion der anderen auf sie, je nachdem die Seite einem spitzen oder stumpfen Winkel gegenüberliegt.*

Aufgabe 27: Führe den Beweis durch Rechnung mit Hilfe des pythagoreischen Lehrsatzes und unter Verwendung der projizierenden Höhe, die nachher wieder zu eliminieren ist.

5. Ein Satz, der sich noch nicht bei Euklid, sondern erst bei Pappus von Alexandria (im 3. Jahrh. n. Chr.) findet, ist der nach diesem Mathematiker benannte Lehrsatz von Pappus: *In jedem Dreieck ist das über einer Seite nach innen beschriebene Parallelogramm, dessen andere Ecken außerhalb des Dreiecks fallen, gleich der Summe der über den beiden anderen Seiten beschriebenen Parallelogramme, deren Gegenseiten durch die Ecken des ersteren gehen.*

Wählt man als Dreieck ein rechtwinkliges und als Parallelogramm über einer Dreiecksseite das Hypotenusenquadrat, so ist in diesem besonderen Falle der Lehrsatz von Pappus identisch mit dem von Pythagoras. Der letztere ist also ein Sonderfall des ersteren.

Aufgabe 28: Zeichne die Figur für diesen Fall und untersuche, welche Lage der Quadrate hier in Frage kommt und welcher Beweis am schnellsten zum Ziel führt.

Wir wollen den Beweis an der Hand der Fig. 32 führen; die Parallelogramme sind bereits eingezeichnet. Außerdem sind die äußersten Seiten der beiden Parallelogramme im Punkte C' zum Schnitt gebracht, und es ist $C'C$ gezogen. Die Figur kann ich mir auch so entstanden denken, daß $\triangle ABC$ in die Lage $A'B'C'$ verschoben ist. Es ist also $\triangle ABC \cong \triangle A'B'C'$.

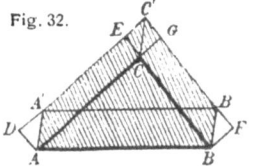

Fig. 32.

$AA'C'C$ und $BB'C'C$ sind Parallelogramme, die flächengleich sind den Parallelogrammen $ADEC$ und $BFGC$, weil sie gleiche Höhe und Grundlinie mit ihnen haben. Wenn ich jetzt die schraffierte Figur $AA'C'B'B$ betrachte und einmal das Dreieck $A'C'B'$ abziehe, so bleibt das Parallelogramm $AA'B'B$ übrig. Ziehe ich hingegen das $A'B'C'$ flä-

3. Der pythagoreische Lehrsatz im Euklidischen System

chengleiche Dreieck ABC ab, so bleibt die Summe der Parallelogramme $AA'C'C + BB'C'C$ übrig, oder aber die diesen flächengleiche Summe $ADEC + BFGC$, und das ist die Behauptung des Satzes.

Aufgabe 29: Verschiebt man ein rechtwinkliges Dreieck in der Richtung einer Kathete über den rechten Winkel hinaus um die andere Kathete, so liefert die Figur zum Lehrsatz des Pappus den Satz über das Kathetenquadrat. Verschiebt man das Dreieck so, daß die Hypotenuse über den rechten Winkel hinaus ein Quadrat beschreibt, so kommt man auf einen bereits bekannten Beweis des pythagoreischen Lehrsatzes.

6. Die Frage liegt recht nahe, ob es nicht für den pythagoreischen Lehrsatz auch ein Analogon im Raum gibt. Das ist in der Tat der Fall (Entdecker Joh. Faulhaber (1622) in Ulm).

Wir wählen eine Ecke aus, bei der für die sämtlichen Winkel zwischen je zwei anstoßenden Flächen wie zwischen zwei anstoßenden Kanten rechte sind (Fig. 33). Jedes regelmäßig gebaute Zimmer liefert uns in seinen 8 Ecken Beispiele dafür. Den Scheitel der Ecke nennen wir S; auf den Kanten nehmen wir irgendwo die Punkte A, B und C an. Der Einfachheit halber bezeichnen wir die Kantenlängen, also die Strecken SA, SB, SC mit k_a, k_b, k_c.

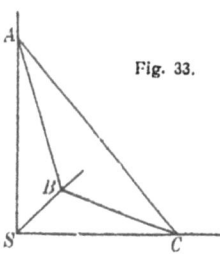

Fig. 33.

Wenn ich jetzt noch mit $\overline{ABC}$ den Flächeninhalt des Dreiecks ABC bezeichne und gleicherweise bei den Dreiecken SAB usf. verfahre, dann lautet eine räumliche Verallgemeinerung des pythagoreischen Lehrsatzes: Es ist

$$\overline{ABC}^2 = \overline{SAB}^2 + \overline{SAC}^2 + \overline{SBC}^2.$$

Wir wollen den Beweis, der auf eine leichte Rechnung herauskommt, hier nicht bis ins einzelne durchführen.

Aufgabe 30: Beweise die Richtigkeit der Gleichung, indem du alle Flächen durch die Kantenlängen k_a, k_b, k_c ausdrückst. Bei den rechtwinkligen Dreiecken SAB usf. ist das sehr einfach. Für das $\triangle ABC$ kann man zunächst mit Hilfe des pythagoreischen Lehrsatzes die einzelnen Seiten finden und dann diese Werte in die Heronische Formel für den Flächeninhalt des Dreiecks

$$F = \sqrt{s(s-a)(s-b)(s-c)}, \quad \text{wo } s = \frac{a+b+c}{2}$$

ist, einsetzen.

Der pythagoreische Lehrsatz für den Raum

7. Es mag als Abschluß dieses Kapitels noch die Frage gestreift werden, wie es denn mit der Begründung des pythagoreischen Lehrsatzes steht, wenn man ihn ganz und gar aus einem logischen System mathematischer Sätze herauslöst, wenn man ihn lediglich als physikalische Erfahrungstatsache hinnimmt, wenn man seine Richtigkeit an den verschiedensten Beispielen rechtwinkliger Dreiecke ausprobiert. Das einfachste ist, man zeichnet mit möglichster Genauigkeit rechtwinklige Dreiecke, mißt ihre Seiten mit einem genauen Maßstab aus und überzeugt sich davon, ob $a^2 + b^2 = c^2$ ist. Will man die Quadrate selbst miteinander vergleichen, so kann man sie auf einen in Quadratmillimeter geteilten Bogen (sogen. Millimeterpapier) zeichnen und die Zahl der Quadratmillimeter abzählen. Oder aber man schneidet die auf stärkeres, möglichst gleichmäßiges Papier gezeichneten Quadrate aus und stellt mit einer feinen Wage, zur Not auf einer Briefwage, fest, ob die beiden Kathetenquadrate zusammen das gleiche Gewicht wie das Hypotenusenquadrat haben.

Alle diese Messungen werden niemals unseren Satz genau bestätigen. Das liegt an den unvermeidlichen Beobachtungsfehlern, deren Größe sich nach der Geschicklichkeit des einzelnen und nach der Genauigkeit der benutzten Zeichen- und Meßwerkzeuge richtet.

4. PYTHAGOREISCHER LEHRSATZ UND ÄHNLICHKEITSLEHRE

1. Fälle ich vom Scheitel des rechten Winkels in unserem rechtwinkligen Dreieck die Höhe CD, so zerfällt das Dreieck in zwei wieder rechtwinklige Dreiecke (Fig. 34). Diese Dreiecke sind einander und dem ursprünglichen Dreieck ähnlich. Der Nachweis ist leicht erbracht an der Hand des Ähnlichkeitssatzes: *Dreiecke sind ähnlich, wenn sie in zwei Winkeln übereinstimmen.* Man

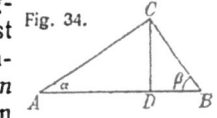
Fig. 34.

sieht nämlich, daß außer dem rechten Winkel die Dreiecke ABC und ACD den Winkel α, die Dreiecke CBD und ABC den Winkel β gemeinsam haben. Daß die beiden Teildreiecke auch einander ähnlich sind, folgt schon daraus, daß sie jedes

4. Pythagoreischer Lehrsatz und Ähnlichkeitslehre

für sich dem ganzen ähnlich sind. Man kann es im übrigen auch unmittelbar feststellen.

Da in ähnlichen Dreiecken gleichliegende Seiten in gleichem Verhältnis stehen, so folgt aus der Ähnlichkeit des ganzen und eines Teildreiecks:

$$AD : AC = AC : AB$$

oder, wenn man die Produktengleichung bildet:

$$AC^2 = AD \cdot AB.$$

Mit den Ausdrücken der Proportionenlehre heißt das: *Die Kathete im rechtwinkligen Dreieck ist mittlere Proportionale zwischen der Hypotenuse und dem anliegenden Hypotenusenabschnitt.* — Vom Standpunkt der Flächenlehre aus ist die Gleichung gleichbedeutend mit der bei dem Euklidischen Beweise benutzten Tatsache: *Das Quadrat über einer Kathete ist gleich dem aus der Hypotenuse und dem anliegenden Hypotenusenabschnitt gebildeten Rechteck.*

Wir brauchen diese Tatsache noch ein zweites Mal für die andere Kathete:

$$BC^2 = DB \cdot AB$$

und finden durch Addition

$$AC^2 + BC^2 = AD \cdot AB + BD \cdot AB = AB(AD + BD) = AB^2$$

Wir haben so einen auf die Ähnlichkeitslehre gestützten, recht einfachen Beweis für den pythagoreischen Lehrsatz erhalten. Er findet sich bei dem Inder Bhâskara (geb. 1114 n. Chr.) und später bei Leonardo Pisano (in der *Practica geometriae* von 1220); später ist er unabhängig davon von dem englischen Mathematiker Wallis (1616—1703, Oxford) wieder gefunden worden.

Aufgabe 31: Einen anderen Beweis führe selbst: ABC sei das rechtwinklige Dreieck, der Scheitel seines rechten Winkels C. Schlage mit b um A einen Kreis, der die Hypotenuse und ihre Verlängerung in D und E schneidet. Dann sind die Dreiecke BCD und BCE ähnlich, es gilt die Proportion

$$a : (c - b) = (c + b) : a$$

und daraus folgt der pythagoreische Lehrsatz.

2. In der Figur 34 denke man sich das Dreieck ACD um AC nach außen geklappt, ebenso DBC um CB und $\triangle CAB$ um AB. Die Figur, die dann entsteht (Fig. 35), unter-

Die dem Dreieck ähnlichen Teildreiecke

scheidet sich von der so oft bei früheren Beweisen gebrauchten dadurch, daß jetzt rechtwinklige Dreiecke, und zwar untereinander ähnliche, an die Stelle der Quadrate getreten sind. Wie dort die Summe der Kathetenquadrate gleich dem Hypotenusenquadrat, ist auch hier, wie sich aus der Entstehung der Figur sofort ergibt, die Summe der Dreiecke über den Katheten gleich dem Dreieck über der Hypotenuse.

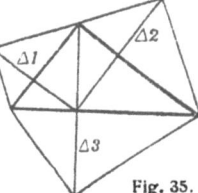
Fig. 35.

Man wird die Frage aufwerfen, gibt es außer dem Quadrat und diesen besonderen rechtwinkligen Dreiecken noch andere Flächen F_1 und F_2 über den Katheten und eine zugehörige Fläche F_3 über der Hypotenuse, für die

$$F_1 + F_2 = F_3$$

ist. Selbstverständlich gilt diese Beziehung nicht für irgendwelche ganz beliebige Figuren. Was wir zeigen wollen, ist: *Errichtet man über den Katheten und der Hypotenuse eines rechtwinkligen Dreiecks irgendwelche ähnliche Figuren F_a, F_b und F_c, in denen die Katheten und die Hypotenuse homologe Stücke sind, so ist*

$$F_a + F_b = F_c.$$

Dieser Satz steht bereits bei Euklid (im 6. Buche der Elemente) und ist wahrscheinlich geistiges Eigentum Euklids. Das geht aus einer Äußerung von Proklos hervor, die gleichzeitig den Beweis liefert, daß man schon im Altertum diese Form des pythagoreischen Lehrsatzes als die recht eigentlich das Wesentliche treffende ansah. Proklos sagt: „Ich bewundere zwar auch die, welche zuerst der Wahrheit dieses Problems nachgeforscht haben; mehr aber noch schätze ich den Verfasser der Elemente nicht nur, weil er das Theorem mit dem bündigsten Beweise versah, sondern auch, weil er das im sechsten Buche enthaltene, noch allgemeinere Problem durch die unwiderlegbaren Gründe der Wissenschaft feststellte."

3. Wir ziehen für die Beantwortung unserer Frage einen Hilfssatz aus der Ähnlichkeitslehre heran, der sich in jedem Lehrbuche findet: *Die Flächeninhalte ähnlicher Vielecke ver-*

4. Pythagoreischer Lehrsatz und Ähnlichkeitslehre

halten sich wie die Quadrate gleichliegender Seiten. — Sind F_a, F_b, F_c die den Katheten a und b und der Hypotenuse c anliegenden ähnlichen Vielecke, dann gilt nach diesem Hilfssatz die Proportion:

$$F_a : F_b : F_c = a^2 : b^2 : c^2.$$

Diese Proportion bedeutet: es läßt sich eine Zahl k, der Proportionalitätsfaktor, so finden, daß

$$F_a = ka^2, \quad F_b = kb^2, \quad F_c = kc^2$$

ist. Dann folgt aus $\quad a^2 + b^2 = c^2$

durch Multiplikation mit k

$$F_a + F_b = F_c.$$

4. Wir wollen gleich eine interessante Anwendung dieser Tatsache kennen lernen, einen Satz, den man in vielen Lehrbüchern angeführt und dann meist als Satz von den *lunulae Hippocratis* bezeichnet findet. Hippocrates von Chios (2. Hälfte des 5. Jahrh. v. Chr.; Athen) hat sich mit der Quadratur von Möndchen (griechisch μηνίσκος, lateinisch lunula) beschäftigt. Als Möndchen bezeichnet er ein zwischen zwei Kreisbögen liegendes Flächenstück; die Quadratur einer solchen Figur kommt darauf hinaus, ein ihr flächengleiches Quadrat zu zeichnen. Unser Satz findet sich bei Hippocrates nicht, der nur einzelne Möndchen quadrierte. In seiner vollen Allgemeinheit bewies der Araber Ibn Alhaitam († 1039) den Satz. Als erster im Abendland teilte ihn der Jesuit Pardies 1671 in seinen *Elemens de Geometrie* mit. Er spricht dort von den *Lunes d'Hippocrate de Scio*. Auch in einer Euklidausgabe von Tacquet-Whiston (1745) wird der allgemeine Fall des Satzes fälschlich dem Hippocrates zugeschrieben.

Wenn wir über der Hypotenuse unseres rechtwinkligen Dreiecks als Durchmesser einen Halbkreis — jedoch nicht nach außen, sondern nach innen — ziehen, so geht dieser durch den Scheitel des rechten Winkels — das ist ein von den Alten dem Thales von Milet zugeschriebener Satz. Werden jetzt auch noch über den Katheten Halbkreise geschlagen, so entstehen zwei in der beigegebenen Figur 36 schraffierte Möndchen.

Es seien K_a, K_b, K_c die Flächeninhalte der über den Ka-

Die „lunulae Hippocratis" 37

theten und der Hypotenuse errichteten Halbkreise. Nach unserem Satze in Abschnitt 3 ist dann

$$K_a + K_b = K_c.$$

Aufgabe 32: Der Satz in Abschnitt 3 war nur für Vielecke ausgesprochen worden. Gilt er denn auch für Kreise?

Das gleiche Ergebnis erhält man rechnerisch, wenn man die Gleichung
$$a^2 + b^2 = c^2$$
beiderseits mit $\frac{\pi}{8}$ multipliziert. In der Tat bedeutet

$$\frac{\pi}{8} a^2 + \frac{\pi}{8} b^2 = \frac{\pi}{8} c^2,$$

daß der Inhalt des Halbkreises mit dem Durchmesser c gleich der Summe der Inhalte der beiden anderen mit dem Durchmesser a und b ist.

Zieht man sowohl von dem Hypotenusenhalbkreis wie von den Kathetenhalbkreisen die in der Figur 36 nicht schraffierten Teile ab, so ergibt sich die Flächengleichheit der Möndchen und des Dreiecks.

Fig. 36.

5. Wir kehren zu unserem rechtwinkligen Dreieck und seinen Teildreiecken zurück (Fig. 34). Es sei h die Höhe vom Scheitel des rechten Winkels aus, p und q seien die von der Höhe erzeugten Abschnitte auf der Hypotenuse. Dann folgt aus der Ähnlichkeit der beiden Teildreiecke die Proportion

$$p : h = h : q \quad \text{oder} \quad h^2 = p \cdot q,$$

das heißt mit den Worten der Flächenlehre ausgesprochen: *Das Quadrat über der Höhe ist gleich dem Rechteck aus den Hypotenusenabschnitten.* Man kann diesen Satz auch ohne Ähnlichkeitslehre unmittelbar aus dem pythagoreischen Lehrsatz ableiten. Es ist nämlich aus dem einen Teildreieck

$$h^2 = a^2 - p^2 \quad \text{und aus dem anderen} \quad h^2 = b^2 - q^2.$$

Man addiere beides und setze in

$$2h^2 = a^2 + b^2 - p^2 - q^2$$

für die Summe $a^2 + b^2$ der Kathetenquadrate das Hypotenusenquadrat
$$c^2 = (p + q)^2$$

38   4. Pythagoreischer Lehrsatz und Ähnlichkeitslehre

ein. Dann vereinfacht sich, wenn man $(p+q)^2$ ausquadriert und durch 2 dividiert, der Ausdruck auf

$$h^2 = p \cdot q.$$

Einen anschaulichen Beweis liefert Figur 37. Nach dem pythagoreischen Lehrsatz ist das Höhenquadrat *III* flächengleich Kathetenquadrat *I* — Quadrat *II* oder, da *I* dem Rechteck *II + IV* flächengleich ist, dem Rechteck *IV*. Dessen Seiten sind aber p und q.

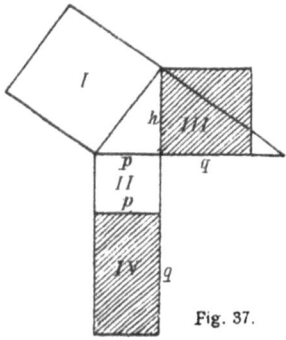

Fig. 37.

6. Die Strecke c zerfalle in die Teilstrecken p und q; über c, p und q als Durchmesser seien Halbkreise nach der gleichen Seite geschlagen (Fig. 38). Die von den drei Halbkreisen begrenzte Figur hat man mit einem gekrümmten Schusterkneif verglichen und danach den Namen Arbelos dafür gewählt. Archimedes hat darüber einige Sätze ausgesprochen. Wir begnügen uns hier mit einer Tatsache. Wir ergänzen die Figur zu einem rechtwinkligen Dreieck, in dem c Hypotenuse, p und q Hypotenusenabschnitte sind. Dann ist der Kreis über der Höhe als Durchmesser flächengleich jenem Arbelos. Bei dem Beweise gehen wir zweckmäßig gleich von der in 5 benutzten Gleichung

$$2h^2 = c^2 - p^2 - q^2$$

aus. Multiplizieren wir sie mit $\frac{\pi}{8}$,

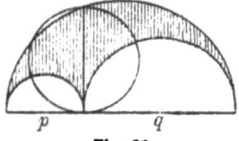

Fig. 38.

$$\frac{\pi h^2}{4} = \frac{\pi c^2}{8} - \frac{\pi p^2}{8} - \frac{\pi q^2}{8},$$

so steht links der Kreis mit der Höhe als Durchmesser, rechts der Inhalt des Arbelos.

7. Wir wollen in diesem Büchlein nicht eine ausführliche Zusammenstellung geben, in welchen Fällen sich der Lehrsatz von Pythagoras rechnerisch verwerten läßt. Das eigentliche Feld der Anwendungen erschließt sich erst recht dann, wenn man auch schon die Trigonometrie beherrscht, die einem anderen Bändchen der Sammlung vorbehalten bleibe.

Satz vom Arbelos

Aber ich möchte doch den Leser davor bewahren, daß er denkt, es handle sich nur um solche Aufgaben, wie jener Professor in den „Fliegenden Blättern" sie löste: Das Bett, das man ihm angewiesen, ist in Anbetracht seiner Körperlänge zu klein; also mißt er erst Länge a und Breite b des Bettes, konstatiert durch Rechnung auf soundsoviel Dezimalen, daß seine eigene Länge kleiner als $\sqrt{a^2 + b^2}$ ist, und legt sich dann befriedigt über die Nützlichkeit der Mathematik im allgemeinen und die des pythagoreischen Lehrsatzes im besonderen in der Diagonale seines Bettes zur Ruhe. —

Die Kirchenfenster gotischer und romanischer Bauwerke werden in ihren oberen Teilen durch Steinrippen gegliedert, die einmal als Ornament dienen, dann aber auch für die Festigkeit des Ganzen von Bedeutung sind; man bezeichnet diese Teile als Maßwerk. Ein einfaches Beispiel eines solchen Fensters mit Maßwerk, wie es sich z. B. an den Domen in Köln, Straßburg, Frankfurt a. M. findet, ist in der Fig. 39 dargestellt. Die Konstruktion des Maßwerkes ist hier sehr leicht gefunden. Von den 6 Kreisbögen, die wir zunächst betrachten,

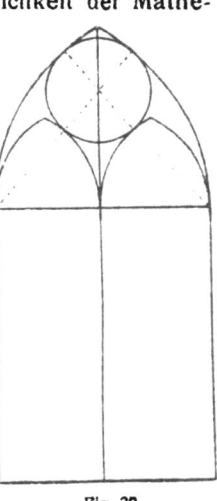

Fig. 39.

sind sofort die Mittelpunkte ersichtlich und als Radien treten, wenn b die Fensterbreite ist, die Größen b und $\frac{b}{2}$ auf. Bleibt noch der Vollkreis, der 4 der Kreisbögen berührt. Da er zwischen konzentrischen Kreisen liegt, ist sein Durchmesser gleich dem Abstande $\frac{b}{2}$ der konzentrischen Kreise; sein Radius ist also $\frac{b}{4}$. Jetzt ist auch die Lage des Mittelpunktes bestimmt.

Aufgabe 33: Konstruiere das Maßwerk im Maßstab 1:50 mit Zirkel und Lineal, wenn die Breite $b = 3$ m gegeben ist.

8. Die Bestimmung der Radien ließ sich eben sehr leicht ausführen. Ein Beispiel zeige, wie manchmal zur Durchfüh-

4. Pythagoreischer Lehrsatz und Ähnlichkeitslehre

rung der Rechnungen der pythagoreische Lehrsatz herangezogen werden kann. Ich füge hinzu, daß sich weiteres Material in einem Aufsatz von Gerlach findet (S. 69). Ein an romanischen Bauten häufig auftretendes Motiv ist in Fig. 40 dargestellt. Ist wieder b die Fensterbreite, sind also die Radien der Halbkreise $R = \frac{b}{2}$ und $r = \frac{b}{4}$, so kann man den Radius ρ des Kreises in der Mitte aus dem in die Figur 40 punktiert eingezeichneten Dreieck berechnen. Die Hypotenuse dieses Dreiecks, die durch einen Berührungspunkt des Kreises geht, hat die Länge $\frac{b}{4} + \rho$,

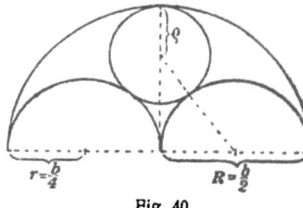

Fig. 40.

die eine Kathete ist $\frac{b}{4}$, eine andere $\frac{b}{2} - \rho$. Es gilt also nach dem pythagoreischen Lehrsatz die Gleichung:

$$\left(\frac{b}{4} + \rho\right)^2 = \left(\frac{b}{4}\right)^2 + \left(\frac{b}{2} - \rho\right)^2$$

oder $\quad \frac{b^2}{16} + \frac{b\rho}{2} + \rho^2 = \frac{b^2}{16} + \frac{b^2}{4} - b\rho + \rho^2$

oder $\quad \frac{b\rho}{2} = \frac{b^2}{4} - b\rho.$

Dividiert man durch b und ordnet, so ergibt sich

$$\frac{3}{2}\rho = \frac{b}{4}; \quad \rho = \frac{b}{6}.$$

So ist der Radius bestimmt.

Aufgabe 34: Konstruiere die Figur 40 mit Zirkel und Lineal!

5. FUNKTIONSBETRACHTUNGEN

1. Der pythagoreische Lehrsatz stellt eine Beziehung zwischen den Seiten eines rechtwinkligen Dreiecks her derart, daß eine Seite berechnet werden kann, wenn die beiden anderen bekannt sind. Mit einem anderen Wort gesagt: Jede Seite ist eine Funktion der beiden anderen.

Wir wollen zunächst der Behandlung dieser Funktion ein damit eng zusammenhängendes einfacheres Problem voraus-

schicken. Es soll eine Seite einen festen Wert a haben, dann soll eine zweite Seite, die unabhängige Veränderliche x, variieren und die dritte Seite, die abhängige Variable y, ist daraus jeweilig zu bestimmen. Wir haben dann folgende drei Fälle zu untersuchen:
(1) Wie ändert sich die Hypotenuse, wenn eine Kathete veränderlich ist, die andere konstant bleibt?
(2) Wie ändert sich die eine Kathete, wenn die Hypotenuse veränderlich ist, die andere Kathete konstant bleibt?
(3) Wie ändert sich die eine Kathete, wenn die andere Kathete veränderlich ist, die Hypotenuse konstant bleibt?

2. Wir wenden uns der ersten Frage zu. Die eine Kathete, die unabhängige Variable, nennen wir x, die Hypotenuse y, die andere Kathete schließlich sei eine konstante Größe a, für die wir im Beispiel 4 Einheiten irgendeines Maßstabes, etwa cm, setzen werden.

Dann ist nach dem pythagoreischen Lehrsatz $y^2 = x^2 + a^2$, also, wenn ich die Quadratwurzel ziehe, $y = \sqrt{x^2 + a^2}$. Der negative Wert der Wurzel kann außer acht bleiben, da wir von Strecken negativer Länge nicht sprechen wollen.

Zu jedem x läßt sich jetzt ein y berechnen. Wir erhalten die folgende Tabelle:

$$x = 1; \quad y = \sqrt{17} = 4{,}123$$
$$x = 2; \quad y = \sqrt{20} = 4{,}472$$
$$x = 3; \quad y = \sqrt{25} = 5{,}000$$
$$x = 4; \quad y = \sqrt{32} = 5{,}657$$
$$x = 5; \quad y = \sqrt{41} = 6{,}403$$
. . . .

Wir haben uns bei den Quadratwurzeln mit drei Stellen nach dem Komma begnügt. Man kann sich aus diesen Werten schon einen Begriff von dem Verlauf der Funktion machen. Recht anschaulich wird das erst, wenn wir die Funktion, wie man sagt, graphisch darstellen (Fig. 41).

Wir nehmen ein Stück Millimeterpapier, wie es jetzt überall in Bogen und Heften für wenig Geld käuflich ist, oder einen Bogen kariertes Papier aus einem Rechenheft, und ziehen zwei der senkrecht zueinander stehenden Linien als

5. Funktionsbetrachtungen

„Achsenkreuz" aus. Von dem Schnitt der beiden, dem Nullpunkte, aus tragen wir auf der einen Achse nach rechts, auf der anderen nach oben die Einheiten auf. Die wagerecht verlaufende Gerade nennen wir ein für allemal die x-Achse, die senkrecht dazu stehende die y-Achse. Wir verfahren nun so: Dort, wo an der x-Achse der Wert 1 angeschrieben ist, tragen wir senkrecht — also parallel der y-Achse — den zu $x=1$ gehörigen Wert $y=4,123$ auf. Ebenso bei $x=2$ den zugehörigen Wert $y=4,472$ usf. In dieser Weise erhalten wir eine Folge von Punkten, die eine anschauliche Darstellung der Abhängigkeit der y von den x geben; besonders gut lassen sich die Wachstumsverhältnisse der y beobachten; man sieht beispielsweise, daß die Zunahme der y mit wachsendem x immer schneller wird.

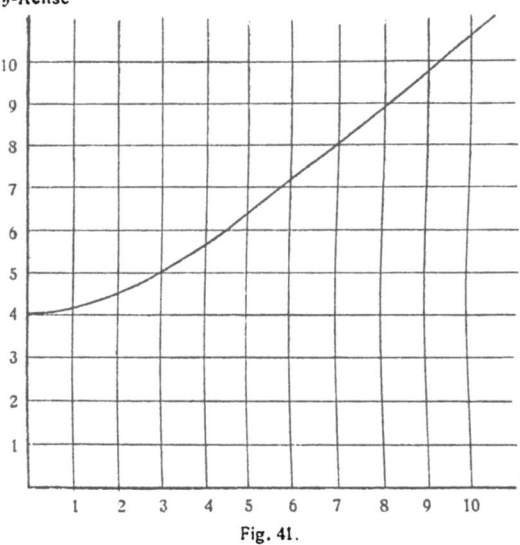

Fig. 41.

Bisher haben wir unsere Funktion nur für ganzzahlige Werte für x ausgerechnet und in die graphische Darstellung eingetragen. Ich erhalte natürlich aber auch Resultate für y, wenn x ein Bruch, etwa 1,1, dann 1,2 usf. ist. Diese Punkte deuten in ihrer Gesamtheit einen Linienzug an, dessen Gestalt aus der Figur 41 ersichtlich ist.

Aufgabe 35: Man kann die jeweilig aufzutragenden y auch durch Konstruktion erhalten. Wie kann man das am zweckmäßigsten machen? Konstruiere auf diese Weise die Werte für 0,5; 1,5; 2,5 usf.!

Die Hypotenuse als Funktion einer Kathete

Die Kurve beginnt mit dem Punkte $x = 0$. Man wird sagen, in diesem Falle ist ein Dreieck und damit die Ausrechnung der Hypotenuse nach dem pythagoreischen Lehrsatz ein Ding der Unmöglichkeit. In der Tat mag dieser Wert nur als ein Grenzfall angesehen werden; wenn nämlich die eine Kathete den konstanten Wert 4 hat, die andere immer kleiner und kleiner wird, so nähert sich die Hypotenuse immer mehr der Länge 4. Es ist also sehr einleuchtend, wenn in unserer Figur für den Wert $x = 0$ der Wert $y = 4$ aufgetragen ist.

Die Kurve, welche die graphische Darstellung der Funktion

$$y = \sqrt{x^2 + a^2}$$

liefert, ist ein Teil einer gleichseitigen Hyperbel.

3. Wir gehen zur Untersuchung der zweiten Frage über, wie sich die eine Kathete ändert, wenn die andere Kathete konstant erhalten bleibt, wenn aber die Hypotenuse verändert wird. Die unabhängige Variable, hier die Hypotenuse, sei wieder x genannt, die abhängige, die eine Kathete, sei y. Dann ist, wenn der konstante Wert der anderen Kathete mit a bezeichnet wird,

$$x^2 = y^2 + a^2, \quad \text{also} \quad y = \sqrt{x^2 - a^2},$$

wobei wieder nur der positive Wert der Quadratwurzel in Betracht kommt.

Um uns ein Bild vom Verlauf der Funktion zu machen, stellen wir zunächst eine Tabelle auf. Dabei ist im Gegensatz zu früher die Wahl von x nicht ganz beliebig mehr: Wenn wir etwa $a = 4$, wie im vorangegangenen Abschnitt, annehmen, so würde man für $x = 2$ auf den Wert

$$y = \sqrt{4 - 16} = \sqrt{-12}$$

stoßen, und der liefert keinen reellen Wert für y. Damit unter der Wurzel eine positive Zahl stehe, muß notwendig $x > a$ sein; für $x = a$ erhält man den Wert $y = \sqrt{0} = 0$. Geometrisch leuchtet dieses Verhalten der x und y sofort ein, x ist ja die Hypotenuse, und es ist klar, daß es kein rechtwinkliges Dreieck gibt, in dem die Hypotenuse kleiner als die Kathete ist; ja der Fall, daß die Hypotenuse gleich der einen Kathete ist ($x = a$), hat auch nur die Be-

44   5. Funktionsbetrachtungen

deutung eines Grenzfalles, bei dem sich die andere Kathete als Null herausstellt ($y = 0$).

Jetzt können wir unsere Tabelle aufstellen: es ergibt sich

$x = 4;\quad y = \sqrt{\ 0} = 0{,}000$

$x = 5;\quad y = \sqrt{\ 9} = 3{,}000$

$x = 6;\quad y = \sqrt{20} = 4{,}472$

$x = 7;\quad y = \sqrt{33} = 5{,}745$

$x = 8;\quad y = \sqrt{48} = 6{,}928$

$x = 9;\quad y = \sqrt{65} = 8{,}062$

. . . .

Die graphische Darstellung dieser Werte, die man durch eingeschobene Bruchwerte von x mit beliebiger Genauigkeit erreichen kann, liefert eine Kurve, die in Fig. 42 gezeichnet ist.

Aufgabe 36: Der Tabelle ist bereits zu entnehmen, daß die Funktion y immer langsamer wächst. Setze die Tabelle bis $x = 15$ fort und bilde die Differenzen je zweier aufeinanderfolgender y. Welche Rolle spielen diese Differenzen in der graphischen Darstellung?

4. Wer die Figur, die wir eben erhielten, mit derjenigen des Abschn. 2 vergleicht, der wird vielleicht eine gewisse Verwandtschaft entdecken. Wir wollen einen Augenblick dabei verweilen. Wir stellen zunächst fest, daß von den beiden Funktionen, um die es sich hier handelt:

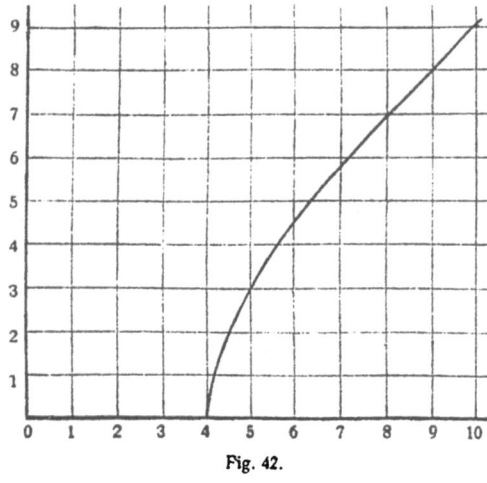

Fig. 42.

$y = \sqrt{x^2 + a^2}$

$y = \sqrt{x^2 - a^2}$,

Eine Kathete als Funktion der Hypotenuse

die eine aus der anderen durch Vertauschung von x und y entsteht. Nehme ich z. B. in der ersten der Funktionen diese Vertauschung vor, so erhalte ich erst

$$x = \sqrt{y^2 + a^2},$$

und wenn ich das nach y auflöse, so ergibt sich die zweitgenannte Funktion. In der Tat war ja die Hypotenuse einmal mit y, das andere Mal mit x bezeichnet, und mit der Kathete war's umgekehrt. Man sagt: Die eine Funktion ist die Umkehrung der anderen; das eine Mal ist die Hypotenuse als Funktion einer Kathete, das andere Mal die eine Kathete als Funktion der Hypotenuse betrachtet.

Welches ist nun die geometrische Bedeutung dieser Tatsache? Auf der Kurve 1, wir wollen als solche die zuerst behandelte (Fig. 41) wählen, liegt ein Punkt P_1, der einem gewissen x_1 und dem zugehörigen y_1 entspricht (siehe Fig. 43). Von diesem Punkte fälle ich eine Senkrechte auf die Winkelhalbierende der beiden Achsen und verlängere diese über den Fußpunkt hinaus um sich selbst; mit anderen Worten, ich denke mir die Winkelhalbierende als Spiegel und suche das Spiegelbild zu dem Punkte P_1. Dann werde ich auf einen Punkt der zweiten Kurve gestoßen sein. Warum? Nun, aus der Figur sieht man sofort, daß für diesen Punkt P_2 das zugehörige y_2 den Wert x_1, das zugehörige x_2 den Wert y_1 hat. Wenn P_1 auf der Kurve 1 liegt, so muß

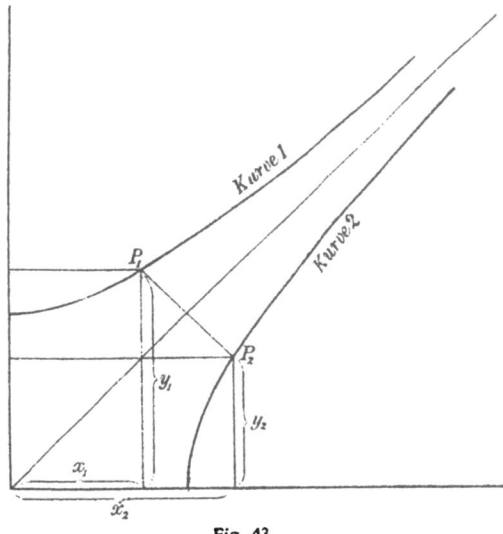

Fig. 43.

5. Funktionsbetrachtungen

$y_1 = \sqrt{x_1^2 + a^2}$ sein, also $x_1 = \sqrt{y_1^2 - a^2}$; also ist $y_2 = \sqrt{x_2^2 - a^2}$, d. h. der Punkt P_1 mit den Werten x_2, y_2 liegt auf der Kurve 2. Was für einen Punkt gilt, gilt für alle; es entsteht also die Kurve 2 aus der Kurve 1 durch Spiegelung an der Winkelhalbierenden der beiden Achsen.

5. Es bleibt uns nun noch die Untersuchung des dritten Falles übrig: Die unabhängige Veränderliche x soll jetzt die eine Kathete sein, abhängige Veränderliche y ist die andere Kathete, die Hypotenuse soll den konstanten Wert c besitzen. Dann liefert unser Satz

$$x^2 + y^2 = c^2 \quad \text{und daraus folgt} \quad y = \sqrt{c^2 - x^2}.$$

Auch hier wieder werden wir eine Tabelle aufstellen und erhalten für ganzzahlige x, wenn ich der Konstanten c etwa den Wert 5 beilege:

$$x = 0; \quad y = \sqrt{25} = 5{,}000$$
$$x = 1; \quad y = \sqrt{24} = 4{,}899$$
$$x = 2; \quad y = \sqrt{21} = 4{,}583$$
$$x = 3; \quad y = \sqrt{16} = 4{,}000$$
$$x = 4; \quad y = \sqrt{9} = 3{,}000$$
$$x = 5; \quad y = \sqrt{0} = 0{,}000.$$

Werte für x, die über 5 hinausgehen, scheiden aus, da sie auf negative Radikanden führen.

Aufgabe 37: Rechne die Werte der Funktion für $x = 0{,}1$; $0{,}2$; $0{,}3$ und ebenso für $4{,}9$; $4{,}8$; $4{,}7$ aus und stelle die Differenzen der so sich ergebenden Funktionswerte fest. Erkläre die Ergebnisse an der graphischen Darstellung.

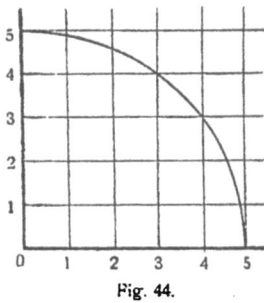

Fig. 44.

Wir zeichnen wieder die Punkte in bekannter Weise auf Millimeterpapier; die Kurve, die wir erhalten (Fig. 44), hat große Ähnlichkeit mit einem Kreisviertel. Ist es wirklich ein Kreis? Sollte es zutreffen, so müßte der Kreis den Radius c, in unserm Beispiel also 5 haben. Ich ziehe diesen Kreis und sehe, daß er durch die von uns bezeichneten Punkte geht. Aber es wäre ja möglich, daß Kreis und Kurve zwar in diesen Punkten übereinstimmen, daß aber unsere Kurve dazwischen etwa Wellen nach oben und unten macht. Wir können die Frage leicht erledigen, wenn wir einen ganz beliebigen Punkt P_1 auf dem Kreise ins Auge fassen. Fälle ich die Senkrechte auf die x-Achse, so sei die Strecke zwischen P_1 und dem Fußpunkt der Senkrechten y_1, die Strecke zwischen Fußpunkt und Nullpunkt x_1, dann ist nach dem pythagoreischen Lehrsatz

$$x_1^2 + y_1^2 = c^2, \text{ also } y_1 = \sqrt{c^2 - x_1^2}.$$

Es ist also P_1 ein Punkt der Kurve. Was wir hier ausgeführt haben, gilt für jeden Punkt des Viertelkreises, Kurve und Kreis fallen also zusammen.

6. Wir kommen nun zu der Frage, wie sich die einzelnen **Stücke des rechtwinkligen Dreiecks als Funktionen der beiden anderen Stücke ausdrücken.** Ich nehme zunächst die beiden Katheten als unabhängige Veränderliche und nenne sie x und y; dann ist die Hypotenuse z bestimmt durch die Funktion

$$z = \sqrt{x^2 + y^2}.$$

Bei einer solchen Funktion von zwei Veränderlichen versagt unsere bisherige Methode graphischer Darstellung in der Ebene; wir benützen den Raum, um uns ein Bild von der durch unsere Funktion ausgedrückten Abhängigkeit zu machen.

Wir betrachten eine Ebene mit Achsenkreuz; jedem Punkte P_1 des Quadranten zwischen der x-Achse nach rechts und der y-Achse nach oben entspricht ein ganz bestimmtes Wertepaar x_1, y_1 und umgekehrt. Die Entfernung eines solchen Punktes P_1 vom Koordinatenanfangspunkt hat dann den Wert

$$z_1 = \sqrt{x_1^2 + y_1^2}.$$

Diese Strecke denke ich mir in P_1 senkrecht zur Ebene, in der das x-y-Achsenkreuz liegt, nach oben bis zu einem Endpunkte P aufgetragen. Jedem Punkte des Ebenenquadranten ist jetzt also ein solcher Punkt P senkrecht über ihm zugeordnet. Der Inbegriff aller Endpunkte, die ich auf diese Weise finde, wird eine Fläche bilden, die für unsere Funktion $z = \sqrt{x^2 + y^2}$ ein geometrisches Bild gibt.

Was ist das nun für eine Fläche? Wenn man sich ein

Bild von einer Fläche machen will — denken wir etwa an einen Ausschnitt aus einer berg- und talreichen Landschaft — so ist eine beliebte Methode dafür die Feststellung der Kurven gleicher Höhe über irgendeiner Nullage, etwa dem Meeresniveau. Man nennt die Kurven **Isohypsen**; auf jedem Meßtischblatt sind Isohypsen eingetragen, also die Kurvenzüge, die etwa von den Punkten mit 100 m Höhe über Meeresniveau, mit 105 m Höhe usw. gebildet werden.[1]) Wie sehen die Isohypsen bei unserer Fläche aus?

Wir wollen einmal die zu der Höhe 10 — gemessen in Einheiten, in denen auch die x und y gemessen sind — gehörige Isohypse feststellen. Für alle Punkte dieser Kurve, die ich vorerst noch nicht kenne, ist $z = 10$, es gilt also für diese Punkte der Gleichung

$$10 = \sqrt{x^2 + y^2} \quad \text{also} \quad 100 = x^2 + y^2$$

und schließlich $\quad y = \sqrt{100 - x^2}$.

Die Punkte x und y der Grundebene, für die diese Gleichung zutrifft, liegen auf einem Kreis (genauer einem Kreisquadranten) mit dem Radius 10, wie wir in Abschnitt 5 gesehen haben. Wenn ich in den Punkten eines Kreises senkrecht zur Kreisebene Strecken von der Länge 10 nach oben auftrage, so bilden die Endpunkte dieser Strecken wieder einen ebenen Kreis. Die Isohypse ist also ein Kreis. Was für diese, gilt für jede andere Isohypse; alle sind sie Kreise, oder genauer Kreisquadranten. Da der tiefste Punkt der Fläche im Koordinatenanfangspunkt liegt, denn an dieser Stelle ist für $x = 0$ und $y = 0$ auch $z = 0$, und da mit wachsender Entfernung vom tiefsten Punkt auch die Höhe über der Grundebene steigt, so haben wir als Fläche den durch die Ebenen zy und zx begrenzten Quadranten einer Art **Krater** vor uns.

Was wir bisher wissen, genügt noch nicht zur vollen Kenntnis der Fläche. Es entsteht die Frage, wie steht es mit der **Böschung** dieses Kraters, wechselt der Neigungs-

---

[1]) Näheres darüber in Bd. 27 der Math.-Phys.-Bibl.: **H. Wolff**, Karte und Kroki, 1917, und in Bd. 35/36: R. Rothe, Darstellende Geometrie des Geländes, 2. Aufl. 1919.

Die Hypotenuse als Funktion beider Katheten

winkel oder bleibt er derselbe, und wenn das letztere der Fall ist, wie groß ist er?

In der Grundebene sei ein durch 0 gehender Strahl gezeichnet, auf dem eine Reihe von Punkten $P_1, P_2, P_3 \ldots$ liege. Wenn ich dann OP_1 in P_1 senkrecht zur Grundebene auftrage bis P_1', ebenso OP_2 in P_2 bis P_2', OP_3 in P_3 bis P_3' usf., so sind $P_1', P_2', P_3' \ldots$ Punkte unserer Fläche. Lege ich durch den Strahl senkrecht zur Grundebene einen Schnitt, in dem P_1P_1', P_2P_2', $P_3P_3' \ldots$ liegen, so gibt die Schnittfigur (Fig. 45) eine Anschauung von der Böschung des Kraters. Man kann ihr entnehmen, daß der Neigungswinkel überall gleich groß, und zwar, da die Dreiecke $OP_1P_1', OP_2P_2' \ldots$

Fig. 45.

rechtwinklig-gleichschenklig sind, gleich $45°$ ist. Was für diesen Strahl durch 0 gilt, gilt ebenso für jeden anderen durch 0 gehenden Strahl der Grundebene. Wir sehen: von jedem Punkte der Fläche aus zum tiefsten Punkte hin ist ein gleichmäßiges Gefälle vorhanden, und der Neigungswinkel ist $45°$.

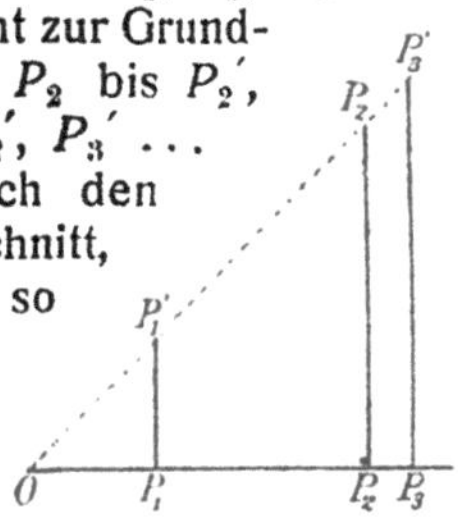

Und was ist das nun für eine Fläche? Nun, es ist eine sehr bekannte, nämlich der vierte Teil des Mantels eines Kegels. Der Kegel hat die z-Achse zur Achse und steht mit der Spitze nach unten im Koordinatenanfangspunkt auf der Grundebene, sein

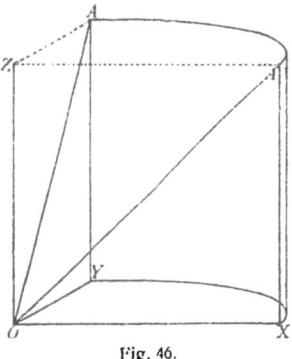

Fig. 46.

halber Öffnungswinkel ist $45°$. Ich kann ihn mir etwa so entstanden denken, daß die Winkelhalbierende zwischen z- und x-Achse um die z-Achse gedreht ist (Fig. 46).

7. In gleicher Weise wie eben läßt sich nun die Frage behandeln, wie sich die eine Kathete z als Funktion der Hypotenuse x und der Kathete y darstellt. Es ist in diesem Falle für die Funktion
$$z = \sqrt{x^2 - y^2}$$
eine Fläche als geometrisches Bild zu suchen. Diese Fläche

hat zunächst die Eigentümlichkeit, daß sie für $x = y$, d. h. für Punkte auf der Winkelhalbierenden des Achsenkreuzes, lauter Werte $z = 0$ hat, sie schneidet also die Grundebene in dieser Winkelhalbierenden. Über dem halben Quadranten zwischen Winkelhalbierender und y-Achse ist überhaupt kein Punkt unserer Fläche vorhanden, denn für alle Punkte dieser Gegend ist $y > x$, der Radikand unserer Funktion wird also negativ.

Wir wollen nun die Fläche nicht weiter im einzelnen diskutieren und nur das Ergebnis, dessen Ableitung wir dem Leser empfehlen, aussprechen. Die gesuchte Fläche ist ein Viertel eines Kegelmantels, dessen halber Spitzenwinkel 45° ist (dies alles wie im vorangegangenen Fall), und dessen Achse die x-Achse ist. Ich kann ihn mir am einfachsten so entstanden denken, daß ich die Winkelhalbierende des x-y-Achsenkreuzes um die x-Achse rotieren lasse.

Aufgabe 38: Untersuche die Isohypsen. Welche z gehören zu den Punkten der x-Achse? Untersuche die z, die zu einer Senkrechten zur x-Achse gehören. Welchen Weg kann man einschlagen, um zu erkennen, daß der halbe Spitzenwinkel des Kegels 45° ist?

Hätten wir nicht die Variable x als Hypotenuse und y als Kathete gewählt, sondern umgekehrt y als Hypotenuse und x als Kathete, so hätten wir den gleichen Kegelmantel, nur mit der y-Achse als Rotationsachse erhalten.

Aufgabe 39: Der Vertauschung von x und y entspricht hier im Raume eine Spiegelung an einer Ebene; welche ist das?

6. PYTHAGOREISCHE ZAHLEN

1. Man nennt drei positive ganze Zahlen x, y und z, durch welche die Gleichung
$$x^2 + y^2 = z^2$$
befriedigt wird, pythagoreische Zahlen. Das einfachste Beispiel pythagoreischer Zahlen haben wir schon kennen gelernt; es entspricht dem bereits den Ägyptern bekannten Dreieck aus den Seiten 3, 4 und 5. In der Tat ist

$$3^2 + 4^2 = 5^2.$$

Wir stellen nun die Frage: Gibt es noch andere Tripel pythagoreischer Zahlen und welche?

Grundtripel und abgeleitete Tripel

Zunächst ist eins ohne weiteres klar: wenn 3, 4 und 5 pythagoreische Zahlen sind, so sind es auch $2\cdot 3; 2\cdot 4; 2\cdot 5$: ferner $3\cdot 3; 3\cdot 4; 3\cdot 5$ usf. Allgemein gesagt: Ist a, b, c ein pythagoreisches Zahltripel, so ist auch ma, mb, mc, wo m irgendeine positive ganze Zahl ist, ein solches. Wenn nämlich
$$a^2 + b^2 = c^2$$
ist, so ist auch $\quad m^2(a^2 + b^2) = m^2 c^2$
also $\quad\quad\quad\quad (ma)^2 + (mb)^2 = (mc)^2.$

So liefert jedes pythagoreische Zahltripel eine unendliche Reihe neuer; man hat nur die drei Zahlen mit einer und derselben positiven ganzen Zahl zu multiplizieren. — Die ganze Reihe dieser Zahltripel entspringt aus einem Tripel, dessen einzelne Zahlen keinen gemeinschaftlichen Teiler mehr haben. Wir wollen dieses ein Grundtripel, alle anderen abgeleitete Tripel nennen. Es ist also 3, 4, 5 ein Grundtripel, 6, 8, 10 ein abgeleitetes Tripel pythagoreischer Zahlen.

Wir sagten aber, die drei Zahlen eines Grundtripels hätten keinen gemeinsamen Teiler; es genügt bereits zu wissen, daß irgend zwei der drei Zahlen keine gemeinsamen Faktoren haben. Nehmen wir nämlich einmal an, zwei Zahlen a und b irgendeines pythagoreischen Tripels haben den gemeinsamen Faktor f, es ist also
$$a = f \cdot a_1; \quad b = f \cdot b_1,$$
dann folgt aus $\quad a^2 + b^2 = c^2$
$$f^2(a_1{}^2 + b_1{}^2) = c^2,$$
d. h. es müßte auch c durch f teilbar sein.

2. Schreibe ich die Reihe der Quadratzahlen hin und bilde die Differenzen je zweier aufeinander folgenden, so erhalte ich die Reihe der ungeraden Zahlen:

0   1   4   9   16   25   36   49   64   81   100
   1   3   5   7   9   11   13   15   17   19.

Allgemein ist die Differenz der $n$ten Quadratzahl und der $(n+1)$ten Quadratzahl die ungerade Zahl $2n+1$, denn es ist
$$(n+1)^2 - n^2 = n^2 + 2n + 1 - n^2 = 2n+1.$$

Geometrisch ist das einfach aus Fig. 41 abzulesen: Wenn

6. Pythagoreische Zahlen

ich die n Einheiten messende Seite eines Quadrates um eine Einheit vergrößere, so bestimmt diese Seite ein Quadrat mit dem Inhalt $(n+1)^2$, und zwar ist dieses um $2n+1$ Flächeneinheiten größer als das ursprüngliche Quadrat.

Unter diesen ungeraden Zahlen der Differenzenreihe treten auch alle ungeraden Quadrate auf. Es sei $2n+1$ ein solches Quadrat; also etwa

$$9, \quad 25, \quad 49, \quad 81, \quad 121 \text{ usf.,}$$

dann ist der Wert n für die einzelnen Fälle beziehungsweise:

$$4, \quad 12, \quad 24, \quad 40, \quad 60 \text{ usf.}$$

In allen diesen Fällen liefert $(n+1)$, n und die Zahl, deren Quadrat $2n+1$ ist, ein pythagoreisches Zahltripel; es ist nämlich immer

$$(n+1)^2 = n^2 + (2n+1).$$

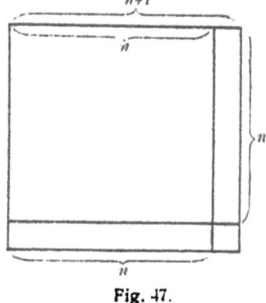

Fig. 47.

Mit unseren ersten Beispielen erhalten wir z. B. die Tripel

$$5^2 = 4^2 + 3^2$$
$$13^2 = 12^2 + 5^2$$
$$25^2 = 24^2 + 7^2$$
$$41^2 = 40^2 + 9^2$$
$$61^2 = 60^2 + 11^2.$$

Das erste dieser Tripel ist das allbekannte. Das zweite Tripel, jedoch in der abgeleiteten Form $39^2 = 36^2 + 15^2$, kommt bereits in einer indischen Schrift des 4. oder 5. Jahrh. v. Chr. vor, dort ist auch das dritte angeführt.

Alle Tripel, die man auf diesem Wege erhält, sind notwendig Grundtripel, denn eine positive ganze Zahl n und ihre nächstfolgende $n+1$ können sicherlich keinen von 1 verschiedenen gemeinschaftlichen Teiler besitzen.

Da sich unsere Reihe nach Belieben fortsetzen läßt, so haben wir damit gezeigt, daß es unendlich viele Grundtripel pythagoreischer Zahlen gibt.

3. Wir werden uns nun fragen, haben wir mit unserer Methode alle pythagoreischen Zahlen gewonnen? Oder gibt

Es gibt unendlich viele Grundtripel

es noch andere? Alle Grundtripel, die wir bisher gefunden haben, hatten die Eigentümlichkeit, daß zwei der Zahlen aufeinanderfolgende waren. Das hing damit zusammen, daß wir von der Reihe der Quadratzahlen jedesmal die Differenzen zwischen zwei aufeinanderfolgenden gebildet haben.

Wir wollen nun einmal nicht von zwei aufeinanderfolgenden Quadratzahlen, sondern von je zwei durch eine Quadratzahl getrennten Quadratzahlen die Differenzenreihe bilden. Das sieht dann so aus, wenn ich neben der 1 auch die 0 als Quadratzahl mitnehme:

$$0 \smile 1 \times \frac{4}{4} \times \frac{9}{8} \times \frac{16}{12} \times \frac{25}{16} \times \frac{36}{20} \times \frac{49}{24} \times \frac{64}{28} \times \frac{81}{32} \smile 100$$

usf. Jetzt liefert die Differenzenreihe die Vielfachen von 4. Ist ein solches Vielfaches ein Quadrat, so liefert es uns ein pythagoreisches Tripel. So gehört beispielsweise zu der Differenz 16 das bekannte Tripel 3; 4; 5, zu 36 das daraus abgeleitete Tripel 8; 6; 10. Wir sehen also, daß wir in diesem Falle nicht nur Grundtripel erhalten. Ein erstes, neues Grundtripel liefert uns erst die Quadratzahl 64, nämlich 15; 8; 17; auch das war übrigens bereits den Indern bekannt. Beim Weitergehen erhält man auch auf diesem Wege weitere neue Grundtripel. Für uns genügt aber schon unsere Feststellung, um zu wissen, daß die Lösung des vorangegangenen Abschnittes uns nicht alle pythagoreischen Zahlen geliefert hat, also unvollständig war.

Aufgabe 40: Setze die Reihe der Differenzen weiter fort; leite die allgemeine Beziehung zwischen einem Quadrat n^2, dem zweitfolgenden und der Differenz ab.

Aufgabe 41: Suche das nächste Grundtripel an der Hand der allgemeinen Regel.

Wir wollen nun versuchen, alle Lösungen der Gleichung zu finden. Auch die eben angegebene Erweiterung der Methode kann uns dazu nicht verhelfen; wir brauchten ja nur die Differenzen je zweier, durch zwei, drei usf. Quadratzahlen getrennter Quadratzahlen aufzustellen und werden immer neue pythagoreische Tripel erwarten.

4. Ehe wir der vollständigen Lösung der Gleichung

$$x^2 + y^2 = z^2$$

uns zuwenden, wollen wir in einer Vorbemerkung untersuchen,

wie es mit dem Gerade- oder Ungeradesein der einzelnen Zahlen steht. Da es uns nur auf Grundtripel ankommt, nehmen wir die Zahlen teilerfremd an; es dürfen also insbesondere von den Zahlen x, y und z nicht zwei gerade sein. Es können aber auch die Zahlen x und y nicht beide ungerade sein. Wenn überhaupt x und y als ungerade Zahlen möglich sein sollten, so wäre notwendig z eine gerade Zahl, etwa

$$z = 2z_1.$$

Demnach wäre $\quad z^2 = 4z_1^2$

und ließe bei einer Division durch 4 den Rest 0. Das gleiche muß von der Summe $x^2 + y^2$ gelten, wenn anders die Gleichung
$$x^2 + y^2 = 4z_1^2$$
in ganzen Zahlen erfüllt werden soll. Es sei

$$x = 2p + 1;\ y = 2q + 1;$$

dann ist $\quad x^2 + y^2 = 4p^2 + 4p + 1 + 4q^2 + 4q + 1$,

und man sieht sofort, daß das bei einer Division durch 4 nicht den Rest 0, sondern den Rest 2 gibt. So ist also die Möglichkeit, daß x und y ungerade Zahlen sind, von der Hand zu weisen.

Wir werden also jetzt immer annehmen können, daß x ungerade, y gerade und z folglich wieder ungerade ist.

Aufgabe 42: Kann nicht auch x gerade, y ungerade sein? Inwiefern ist die obige Annahme berechtigt?

5. Ich kann der Gleichung auch die Gestalt geben:

(1) $\qquad x^2 = z^2 - y^2 = (z + y) \cdot (z - y).$

Für $z + y$ will ich den Wert m, für $z - y$ den Wert n einführen, woraus übrigens $z = \dfrac{m+n}{2}$, $y = \dfrac{m-n}{2}$ folgt, dann ist also

(2) $\qquad x^2 = m \cdot n.$

Die Zahlen m und n sind beide ungerade, denn wäre auch nur eine gerade, so müßte es auch ihr Produkt und mithin x sein, und das ist nicht der Fall.

Weiter müssen die Zahlen teilerfremd sein. Hätten näm-

Vollständige Lösung der pythagoreischen Gleichung

lich m und n etwa den Teiler t gemeinsam (t ist nicht gleich 2), so daß man setzen könnte

$$m = tm_1, \quad n = tn_1,$$

dann wären auch z und y beide durch t teilbar; es wäre

$$z = \frac{m+n}{2} = t \cdot \frac{m_1+n_1}{2}, \quad y = \frac{m-n}{2} = t \cdot \frac{m_1-n_1}{2}.$$

Das ist aber nicht möglich, denn y und z waren ja, wie wir gesehen haben, teilerfremd.

6. Wenn das Produkt zweier teilerfremder ganzer Zahlen ein Quadrat ist, so muß notwendig jede der Zahlen ein Quadrat sein. Wenn ich also z. B. die Zahl 36 in teilerfremde Faktoren zerlege, so muß jeder Faktor ein Quadrat sein. In der Tat ist z. B. $4 \cdot 9$ eine Zerlegung der gewünschten Art und übrigens, abgesehen von der selbstverständlichen $1 \cdot 36$, die einzige. — Die Tatsache läßt sich leicht allgemein zeigen; in einer Quadratzahl treten nämlich alle Primzahlfaktoren in gerader Zahl auf; es ist z. B.

$$30^2 = 900 = 2 \cdot 2 \cdot 3 \cdot 3 \cdot 5 \cdot 5.$$

Wenn nun einer der beiden Faktoren, in die ich die Quadratzahl zerlege, irgendeinen der Primfaktoren in ungerader Zahl hat, also etwa $2 \cdot 3 \cdot 3 = 18$, so muß notwendig der andere Faktor $2 \cdot 5 \cdot 5 = 50$ jenen Primfaktor, den der erste Faktor in ungerader Zahl besitzt, auch enthalten, d. h. beide Zahlen haben einen gemeinschaftlichen Faktor. Nur wenn die Faktoren jeweilig in gerader Anzahl auftreten, wenn sie also selbst Quadrate sind, ist Teilerfremdheit möglich.

Kehren wir nun zu unserer Gleichung in ihrer letzten Form zurück. Da m und n teilerfremd sind, ihr Produkt aber eine Quadratzahl ist, so müssen auch m und n Quadratzahlen sein; wir können etwa setzen

$$m = u^2; \quad n = v^2,$$

wobei auch die Zahlen u und v ungerade und teilerfremd sind. Unsere letzte Gleichung nimmt also die Form an

$$x^2 = u^2 \cdot v^2,$$

woraus folgt, daß

I. $$x = u \cdot v$$

ist. Wir können jetzt auch die Gleichungen für y und z gleich anfügen, indem wir auch bei ihnen m und n durch die Quadratzahlen u^2 und v^2 ersetzen. Wir haben dann

II. $$y = \frac{u^2 - v^2}{2},$$

III. $$z = \frac{u^2 + v^2}{2}.$$

7. Die Gleichungen I, II und III geben die **vollständige Lösung unseres Problems**. Unsere Ausführungen haben uns gelehrt, daß für die Erfüllbarkeit der Gleichung

(1) $$x^2 + y^2 = z^2$$

die Gleichungen I, II, III notwendige Bedingungen sind.

Umgekehrt kann man nun aber auch schließen, daß, wenn ich u und v irgendwelche ungeraden, teilerfremden Werte beilege, wobei $u > v$ ist, aus ihnen vermittels der Gleichungen I, II und III zugehörige Werte x, y, z gewonnen werden können, die der Gleichung (1) genügen. Es ist nämlich

(2) $$(u \cdot v)^2 + \left(\frac{u^2 - v^2}{2}\right)^2 = \left(\frac{u^2 + v^2}{2}\right)^2,$$

wovon man sich durch Ausrechnung sofort überzeugt.

Wir können mit diesem Mittel zur Gewinnung pythagoreischer Zahlen gleich einmal einen Versuch machen, um ein Tripel etwas größerer pythagoreischer Zahlen zu gewinnen. Wir setzen etwa $u = 11$, $v = 9$; die zugehörigen Zahlen sind $x = 99$; $y = 20$; $z = 101$.

Übrigens kann man aus der Gleichung (2) folgern, daß auch nicht teilerfremde Zahlen u und v Lösungen der Gleichung liefern, nur führen sie stets auf uneigentliche Zahltripel.

Aufgabe 43: Stelle eine Liste der pythag. Zahlen auf, indem du u und v alle in Betracht kommenden Werte von 1 bis 10 durchlaufen läßt.

Aufgabe 44: Wie läßt sich aus der allgemeinen Lösung die in Abschnitt 2 entwickelte besonders herleiten?

8. Mancher Leser wird vielleicht daran gedacht haben, wie man sich denn nun über dieses Vielerlei von pythagoreischen Zahlen am besten einen Überblick verschafft. Man kann an eine Tabelle denken, deren Anlegung Aufgabe 43

Vollständige Lösung der pythagoreischen Gleichung 57

empfiehlt. Hier soll noch ein geometrischer Verteilungsplan beschrieben werden. Wir haben für die Lösungen der Gleichung
$$x^2 + y^2 = z^2$$
in der Fig. 48 ein x-y-Achsenkreuz gezeichnet und in dem Gitter, das durch die ganzzahligen Parallelen zu den Koor-

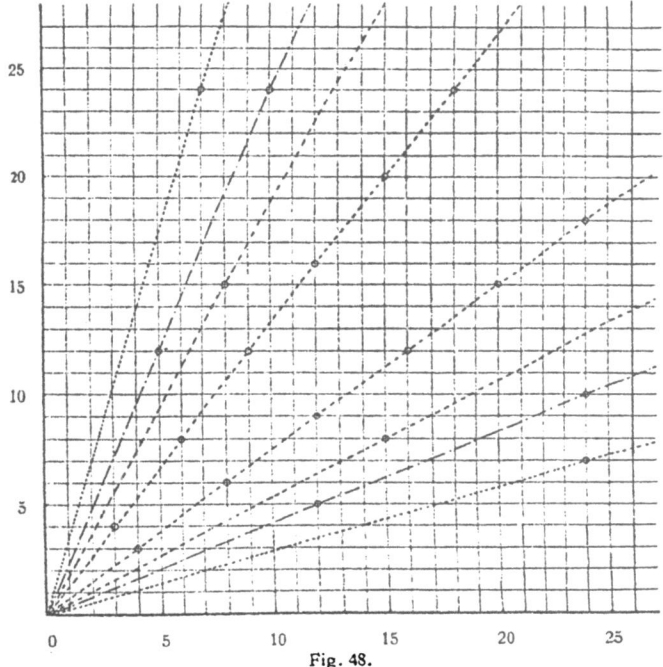

Fig. 48.

dinatenachsen gebildet wird, in leicht erkennbarer Weise die einzelnen Lösungen durch kleine Kreise eingetragen. Grundtripel und zugehörige abgeleitete Zahltripel pythagoreischer Zahlen bilden dann jeweilig einen Zahlstrahl. Jedes Grundtripel bestimmt einen Zahlstrahl; je weiter man die x−y-Ebene ausdehnt (wir sind nur bis $x = 25$, $y = 25$ gegangen), desto mehr Zahlstrahlen treten auf.

Aufgabe 45: Beweise mit Hilfe der Ähnlichkeitslehre, daß die zu einem Grundtripel gehörenden abgeleiteten Tripel auf einem Zahlstrahl liegen.

6. Pythagoreische Zahlen

Aufgabe 46: Beweise, daß die Verteilung der Zahlen im Netz symmetrisch zur Winkelhalbierenden ist.

9. Der Frage nach den pythagoreischen Zahlen kann man noch eine andere Form geben. Dividiert man die Ausgangsgleichung

(1) $$x^2 + y^2 = z^2$$

durch z^2, so nimmt sie die Form

(2) $$\left(\frac{x}{z}\right)^2 + \left(\frac{y}{z}\right)^2 = 1$$

an. Wir können jetzt die von uns behandelte Aufgabe auch so fassen: Es sind von der Gleichung

(3) $$u^2 + v^2 = 1$$

solche Lösungen u und v zu bestimmen, die rational, d. h. in der Form gemeiner Brüche darstellbar sind.[1]) Ist nämlich etwa

$$u = \frac{x}{z}, \quad v = \frac{y}{z}$$

eine Lösung, bei der die Brüche sofort gleichnamig gemacht sind, dann gilt die Gleichung (2) und damit (1). Die Gleichung

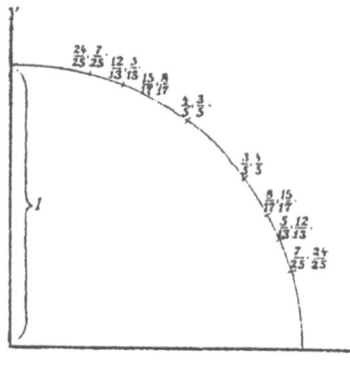

(3) läßt nun eine sehr einfache geometrische Deutung zu, sie ist nichts anderes, als die Gleichung des Kreises mit dem Radius 1 (vgl. Kap. 5, Abschn. 5), des Einheitskreises. Die Frage nach rationalen Lösungen der Gleichung (1) ist dann gleichbedeutend mit der Aufsuchung rationaler Punktepaare, durch die der Einheitskreis geht. In Fig. 49 ist eine ganze Reihe solcher rationalen Punktepaare eingetragen, ein Paar ist z. B. $\frac{24}{25}, \frac{7}{25}$. Daß der Kreis durch diesen Punkt geht, folgt aus

$$\left(\frac{24}{25}\right)^2 + \left(\frac{7}{25}\right)^2 = 1.$$

---

[1]) Vgl. das Bändchen 2 dieser Sammlung: H. Wieleitner, Der Begriff der Zahl, Leipzig (B. G. Teubner) 1911. S. 33.

Heronische Dreiecke

Aufgabe 47: Diese Punktepaare in der Fig. 49 sind mit Hilfe der Fig. 48 gefunden. Welches war wohl dieser Weg?

10. Legt man zwei rechtwinklige Dreiecke, deren Seitenlängen pythagoreische Zahlen sind, und die eine gleichlange Kathete haben, mit dieser Kathete zusammen, so entsteht ein Dreieck, dessen Seitenlängen ganze Zahlen sind und dessen Inhalt gleichfalls eine ganze Zahl ist. Legt man beispielsweise die pythagoreischen Dreiecke mit den Seiten 9, 12, 15 und 5, 12, 13 mit den Katheten 12 aneinander, so entsteht ein Dreieck mit den Seiten 13, 14, 15 und der zur Seite 14 gehörigen Höhe 12. Der Inhalt des Dreiecks ist also $\frac{12 \cdot 14}{2} = 84$. Man nennt solche Dreiecke **heronische Dreiecke**.

Aufgabe 48: Setze aus den uns bekannten pythagoreischen Dreiecken noch einige andere heronische zusammen. Zur Aufsuchung geigneter Zahlen ist Fig. 48 sehr brauchbar.

Man kann eine allgemeine Regel angeben, beliebig viele heronische Dreiecke zu bilden. Es seien (wir setzen die Hypotenuse immer als letzte Zahl):

$$a_1, b_1, c_1 \text{ und } a_2, b_2, c_2$$

die Seitenlängen zweier pythagoreischer Dreiecke. Dann sind auch

$$a_1 b_2, b_1 b_2, c_1 b_2 \text{ und } a_2 b_1, b_2 b_1, c_2 b_1$$

pythagoreische Dreiecke; sie sind nämlich aus den vorherigen durch Multiplikation aller Seiten mit b_2 und b_1 entstandene abgeleitete Tripel. Diese letzten beiden rechtwinkligen Dreiecke haben die Kathete mit der Länge $b_1 b_2$ gemeinsam. Legt man die Dreiecke in passender Weise zu einem Dreieck zusammen, so daß die gemeinsame Kathete Dreieckshöhe wird, so erhält man ein heronisches Dreieck mit den Seiten $(a_1 b_2 + a_2 b_1)$, $c_1 b_2$, $c_2 b_1$. Die Höhe des Dreiecks ist $b_1 b_2$, der Inhalt also $\frac{1}{2} b_1 b_2 (a_1 b_2 + a_2 b_1)$.

7. DAS FERMATSCHE PROBLEM

1. Wir haben in dem vorangegangenen Kapitel unendlich viele Lösungen der Gleichung

$$x^2 + y^2 = z^2$$

in ganzen positiven Zahlen x, y, z kennen gelernt. Es liegt nahe, in gleicher Weise nach der Lösung der Gleichungen

$$x^3 + y^3 = z^3$$
$$x^4 + y^4 = z^4$$
$$\cdot \quad \cdot \quad \cdot \quad \cdot \quad \cdot$$

allgemein der Gleichung

$$x^n = y^n + z^n$$

zu suchen. Wenn man nun zunächst einmal auf gut Glück probiert, von irgendeiner dieser Gleichungen Lösungen zu finden, so wird das Ergebnis negativ sein. Man kennt bisher noch kein einziges Zahlentripel, das irgendeine dieser Gleichungen, so hoch auch der Exponent gewählt wird, befriedigt. Wir werden also den Satz vermuten:

Die Gleichung $x^n + y^n = z^n$ ist für keinen ganzzahligen Wert $n > 2$ in ganzen Zahlen x, y, z lösbar.

Man nennt diesen Satz den **großen Fermatschen Lehrsatz**. Fermat, ein Jurist in Toulouse und sicherlich einer der größten Mathematiker aller Zeiten (1608—1665), hat diesen Satz neben vielen anderen als Randbemerkung in sein Handexemplar des Diophant, eines griechischen Mathematikers (um 300 n. Chr.), eingetragen. Fermat fügte hinzu, er habe einen wirklich wunderbaren Beweis gefunden, den er jedoch aus Mangel an Platz nicht mit angeben könne. — Es ist bisher nicht geglückt, einen vollständigen Beweis für diesen Satz zu finden.

2. Nachdem bereits Euler (1707—1783) den Satz für die Exponenten 3 und 4, der Göttinger Mathematiker Dirichlet (1805—1859) für den Exponenten 5 bewiesen hatte, ist es erst Kummer (1810—1893) mit den von ihm geschaffenen Methoden der modernen algebraischen Zahlentheorie gelungen, einen beträchtlichen Schritt zur Erbringung eines allgemeinen Beweises vorwärts zu tun.

Man sieht leicht ein, daß der Unmöglichkeitsbeweis nur für den Exponenten 4 und die ungeraden Primzahlexponenten

3, 5, 7, 11 ... erbracht zu werden braucht. Gäbe es nämlich z. B. eine Lösung der Gleichung

$$x^6 + y^6 = z^6$$

durch ganzzahlige Größen a, b und c, so würde es dann auch Lösungen der Gleichung

$$x^3 + y^3 = z^3$$

geben, nämlich die Werte a^2, b^2 und c^2.

Kummer hat nun den Unmöglichkeitsbeweis für alle sog. regulären Primzahlen erbracht. Zu diesen regulären Primzahlen, deren genaue Definition sich nicht in elementarer Weise geben läßt, gehören bis 100 nur drei nicht, nämlich 37, 59 und 67. Ob übrigens die Anzahl der regulären Primzahlen unendlich ist, oder nicht, weiß man nicht.

Auch für eine gewisse Gruppe aus der Zahl der nichtregulären Primzahlen, zu der auch die eben genannten drei Zahlen gehören, konnte Kummer den Unmöglichkeitsbeweis erbringen, so daß also der Satz für Exponenten bis 100 vollständig bewiesen ist. Aber es fehlt eben noch ein vollständiger Beweis für alle Exponenten.

Auf welchem Wege dieser Beweis erbracht werden wird, liegt natürlich im Dunkel. Nach der Ansicht der modernen Zahlentheoretiker wird wohl eine Fortsetzung der Kummerschen Untersuchungen, wie sie besonders von Hilbert und Furtwängler geliefert ist, zum Ziele führen; es handelt sich hier um durchaus nicht elementare Theorien, die auch nur anzudeuten hier unmöglich ist.[1])

3. Das Fermatsche Problem wäre nicht jetzt in aller Munde, wenn nicht — leider, so sagte neulich ein bedeutender Mathematiker in einer Kaisergeburtstagsrede sehr mit Recht — der in Darmstadt verstorbene Mathematiker Dr. P. Wolfskehl eine Summe von 100 000 M. der Göttinger Gesellschaft der Wissenschaften vermacht hätte mit der Bedingung, diese Summe als Preis für die Lösung des Fermatschen Problems auszusetzen. Nach den Festsetzungen der Göttinger Gesellschaft der Wissenschaften muß die Lösung in einer Zeitschrift oder als Buch erscheinen, eine Prüfung von Manu-

---

[1]) Einige elementare Ergebnisse behandelt P. Maennchen. Geheimnisse der Rechenkünstler. Math. Bibl. 13. S. 45 ff.

7. Das Fermatsche Problem

skripten lehnt die Gesellschaft ab; die Zuerkennung des Preises kann frühestens 2 Jahre nach Erscheinen der Arbeit geschehen. Der Preis erlischt im Jahre 2007; die Zinsen des Kapitals werden zur Förderung der mathematischen Wissenschaft verwendet. — Der Preis ist inzwischen durch die Inflation entwertet; die Zinsen sind früher mehrfach im Sinne der Bedingungen verwandt worden. Einmal ist eine Summe an A. Wieferich, den Verfasser einer Arbeit, die einen tatsächlichen Fortschritt in Richtung eines Beweises bedeutete, ausgezahlt worden.

Soviel von der Stiftung selbst; nun aber zu ihren Folgen! Und die sind fürchterlich! Früher erhielt wohl jeder etwas bekanntere Mathematiker, vor allem die Redakteure der mathematischen Zeitschriften, hin und wieder einen Lösungsversuch der Quadratur des Zirkels[1]) oder der Dreiteilung des Winkels, obwohl doch die Unmöglichkeit solcher Konstruktionen mit Lineal und Zirkel in endlicher Anzahl Anwendungen vollständig bewiesen ist. Nun aber trat an die Stelle dieser Konstruktionen das Fermatsche Problem, denn hier lockte neben dem Ruhm auch klingende Münze. Es waren wunderlicherweise — wer genauer zusieht, wird es doch nicht so verwunderlich finden — nicht so sehr die Mathematiker, die mit Lösungen des Problems hervortraten, vielmehr waren es Ingenieure, Pastoren, Lehrer, Gymnasiasten, Studierende, Bankiers, Offiziere usw., und nicht nur aus Deutschland, sondern aus aller Herren Länder. Dem Gros dieser Bewerber ist, so schrieb eines der Mitglieder der Göttinger Gesellschaft der Wissenschaften, nur das gemeinsam, „daß sie keine Ahnung von der ernsten mathematischen Bedeutung des Problems haben."

Schon ehe die Göttinger Gesellschaft die Preisbedingungen veröffentlicht hatte, waren auf die bloße Zeitungsmeldung hin mehrere Hundert „Beweise" eingelaufen, und bald war die Zahl 1000 weit überschritten. Welche Summe von Arbeit, Zeit und Geld! Dabei ist 1000 gegen 1 zu wetten, daß auch nicht einer dieser Beweise stichhaltig ist, wenn auch schon manche Bewerber mit Klagen auf die Auszahlung „ihrer"

---

[1]) Dieses Problem wird behandelt in E. Beutel, Die Quadratur des Kreises. Math. Bibl. 12.

100 000 M. gedroht haben. — Eine mathematische Zeitschrift, das „Archiv der Mathematik und Physik" (Leipzig, Verlag B. G. Teubner), hatte in verdienstlicher Weise eine ständige Rubrik zur Abschlachtung von Fermatbeweisen eingerichtet; bis Anfang 1911 waren dort 111 Beweise untersucht und sämtlich als unrichtig erkannt worden; die Zeitschrift hat ihr verdienstliches Werk inzwischen eingestellt, doch immer weiter schwoll die Flut der Beweise an.

Man konnte da die ergötzlichsten Dinge erleben. In einem Beweise, der mir zugesandt wurde, waren zwei Tatsachen nicht bewiesen, sondern nur an Beispielen erläutert. Die eine Sache war sehr leicht zu ergänzen, bei der anderen saß der Haken. Ich schrieb dem Einsender das. Umgehend erhielt ich 10% des Gewinnes zugesagt, wenn ich den Beweis für jene erste Tatsache angäbe. Und so hätte ich mit einer Kleinigkeit, die jeder bessere Untertertianer wissen müßte, 10 000 M. verdient, wenn . . .

Die „Tägliche Rundschau", vielleicht auch noch andere Tageszeitungen, schrieb bei der Ankündigung des Preises

(1) $\qquad x^n + y^n = z^n \ (n + 2)$

an Stelle von

(2) $\qquad x^n + y^n = z^n \ (n > 2)$.

Natürlich setzte sich sofort jemand hin und wies nach, daß der vermeintliche Lehrsatz (1) durchaus falsch sei; für $n = 1$ erhalte man schon soundsoviel Lösungen. Das sandte er der Göttinger Gesellschaft der Wissenschaften ein, ehe noch jene Zeitung Gelegenheit gefunden hatte, ihre Notiz zu berichtigen. Was traute jener Mann wohl den Mathematikern zu, die für solche Dinge Preise von 100 000 M. aussetzten?

Ein Mann schreibt kurz und bündig etwa so: Bekanntlich ist $a^2 + b^2 = c^2$; wäre nun auch $a^n + b^n = c^n$, so müßte $n = 2$ sein; das ist aber nicht der Fall, mithin ist die Unmöglichkeit bewiesen.[1]

Belehrungen über Unrichtigkeiten werden je nach Temperament mit Hohn und überlegenem Lächeln oder mit dem

---

[1] Weitere Ausführungen über die Geschichte des Wolfskehl-Preises siehe in W. Ahrens, Mathematiker-Anekdoten. Math. Bibl. 18. S. 45 ff.

Ausdruck tiefsten Weltenschmerzes entgegengenommen. Überzeugt man jemand, dann folgt dem ersten als falsch erkannten Beweise in kurzer Zeit ein zweiter, oder es wird der ersten Schrift — sie sind fast alle „im Selbstverlage" erschienen — ein erster, ein zweiter, ein dritter Nachtrag nachgesandt. Die Hydra der „Beweise" ist nicht tot zu kriegen. Nur ganz selten einmal klingt ein solcher Briefwechsel aus in Worte, die mir einmal jemand schrieb:

> Nicht zähl' ich zu den geistig Starren
> Zu jenen „unbedingten" Narren —
> Ich hab's gewagt, ich geb's verloren,
> Zu and'rem noch ist man geboren —
> Und Sie verzeihen einem — Toren.

Nein — wer sich soweit durchgerungen hat, der hat sich von der Torheit frei gemacht.

Auch die erste Auflage dieses Büchleins hat, trotz aller Mahnung, so manchen Schreibebrief mit Fermatbeweisen zur Folge gehabt. Vielleicht ist es der einzige Segen der Inflation, daß diese Flut versiegte. Wem's ums Geld zu tun ist, der wird jetzt verzichten; wer aber aus Liebe zur Mathematik herangeht an das Problem, dem gebe ich den Rat, seinen Drang nach mathematischer Betätigung in irgendeiner Richtung zu betätigen, die Aussicht auf Befriedigung und vielleicht auch auf eigene Forschungsergebnisse gewährt. Die „Mathematische Bibliothek" hat in den letzten Jahren eine ganze Reihe von Gebieten z. B. der angewandten Mathematik auch dem nicht fachmännisch Vorgebildeten erschlossen — es ist Raum genug für Selbstbetätigung und Entdeckerfreude.

4. Wenn wir in diesem Büchlein über den pythagoreischen Lehrsatz und über pythagoreische Zahlen auf das Fermatproblem eingegangen sind, so hat das einen besonderen Grund. Nicht selten begegnet man der Meinung, die Mathematik sei eine starre, in allen ihren Teilen bereits fertig entwickelte Wissenschaft. Daß dem nicht so ist, sehen wir hier. Da liegt dicht neben Wahrheiten, die schon zwei und mehr Jahrtausende bekannt sind, ein ungelöstes Problem, noch dazu eines, dessen Inhalt man jedermann, ohne daß er besondere mathematische Vorkenntnisse besitzt, klar machen kann.

Wir hatten berichtet, daß der Beweis des Fermatschen Satzes für die Exponenten 3, 4 und 5 bereits vor Kummer geführt war. Wir wollen wenigstens für einen dieser Fälle, nämlich für die Gleichung

(1) $$x^4 + y^4 = z^4,$$

diesen einer elementaren Behandlung zugänglichen Beweis wiedergeben. Mit der Unmöglichkeit der Gleichung (1) für ganze Zahlen x, y und z ist natürlich auch die Gleichung

(2) $$x^{4n} + y^{4n} = z^{4n},$$

wo n irgendeine positive ganze Zahl > 1 ist, erledigt.

5. Wir behandeln, ehe wir an die Gleichung (1) herantreten, die Lösung oder vielmehr Unlösbarkeit (in ganzen Zahlen) der Gleichung

(1) $$(x^2)^2 + (y^2)^2 = z^2.$$

Sie ist gleich in der Form geschrieben, die auf den Zusammenhang mit der pythagoreischen Gleichung hinweist. Die Frage ist, gibt es unter den pythagoreischen Zahlen solche, von denen die zwei kleineren Quadratzahlen sind? Es ist uns zwar ein derartiges Tripel bisher noch nicht vorgekommen, das sagt aber natürlich noch nichts gegen seine Existenz. Es könnte sich ja um ganz große Zahlen handeln. — Wir fragen natürlich gleich nach einem Grundtripel, die abgeleiteten Tripel interessieren uns nicht, wir können also x, y und z teilerfremd annehmen.

Wir werden zeigen, daß die Gleichung (1) keine ganzzahligen Lösungen hat. Das wird auf eine ganz raffinierte Weise geschehen, die erst an einem Beispiel klargelegt werden soll. Es gibt keinen kleinsten positiven Bruch. Warum? Nun, wenn mir jemand einen Bruch nennt, etwa $\frac{1}{100}$, allgemein $\frac{1}{n}$, so kann ich ihm immer einen Bruch nennen, nämlich $\frac{1}{101}$ und im allgemeinen Falle $\frac{1}{n+1}$, der noch kleiner ist.

Ähnlich verfahren wir hier. Wir nehmen von einer Lösung der Gleichung an, sie sei die kleinste, zeigen, wie wir daraus eine noch kleinere gewinnen können, und haben damit bewiesen, daß es keine kleinste Lösung gibt. Da es sich aber

7. Das Fermatsche Problem

im Falle unserer Gleichung nur um ganzzahlige Lösungen handelt, von denen doch, wenn überhaupt welche vorhanden sind, eine diejenige mit den kleinsten Zahlen sein müßte, so löst sich hier der Widerspruch nur so, daß überhaupt keine Lösung vorhanden ist.

Wir haben noch genauer zu sagen, was wir unter einer Lösung in kleinsten Zahlen verstehen. Wir meinen damit eine solche Lösung x_1, y_1, z_1, bei der z_1 den kleinstmöglichen Wert annimmt. Sollte es mehrere Wertetripel mit gleichem kleinstmöglichen z_1 geben, so sei von ihnen als kleinstes das bezeichnet, dessen x_1 am kleinsten ist.

An das in diesem Sinne kleinste Tripel, das natürlich ein Grundtripel ist, knüpfen wir nun unsere Überlegungen an.

6. Ist $$(x_1^2)^2 + (y_1^2)^2 = z_1^2,$$

so muß nach dem, was wir im vorangegangenen Kapitel über die allgemeine Lösung der pythagoreischen Gleichung abgeleitet haben, folgende Darstellungsweise in ungeraden, teilerfremden Zahlen u und v (wobei beiläufig u größer als v ist) möglich sein:

(1) $$x_1^2 = u \cdot v.$$

(2) $$y_1^2 = \frac{u^2 - v^2}{2}.$$

(3) $$z_1 = \frac{u^2 + v^2}{2}.$$

Aus der ersten dieser Gleichungen schließen wir in gleicher Weise wie in Abschnitt 6 des 6. Kapitels, daß die teilerfremden Größen u und v sich als Quadrate darstellen. Es sei etwa

$$u = u_1^2; \quad v = v_1^2,$$

wobei auch u_1 und v_1 wieder ungerade teilerfremde Zahlen sind und auch wieder $u_1 > v_1$ ist. Wir setzen jetzt diese neuen Zahlen in die Gleichung (2) für y_1^2 ein; die Gleichung für z_1 werden wir für unseren Zweck vorläufig nicht mehr brauchen. Es ist

$$y_1^2 = \frac{u_1^4 - v_1^4}{2} = \frac{(u_1^2 + v_1^2) \cdot (u_1^2 - v_1^2)}{2}.$$

Ein besonderer Fall des Fermatschen Problems

An Stelle dieser Zahlen u_1 und v_1 führen wir jetzt wieder neue Zahlen ein. Wir setzen
$$u_1 + v_1 = 2u_2; \quad u_1 - v_1 = 2v_2;$$
dann ist also $\quad u_1 = u_2 + v_2; \quad v_1 = u_2 - v_2$.

Wenn wir in dem ersten Gleichungspaar den Faktor 2 verwerteten, so ist das möglich, weil ja die Summe oder Differenz zweier ungeraden Zahlen stets gerade sein muß. Die neuen Zahlen u_2 und v_2 sind wieder teilerfremd. Wäre nämlich t ein Teiler beider Zahlen gleichzeitig, so wäre sowohl u_1 wie v_1 durch t teilbar, jene beiden Zahlen könnten also nicht, wie wir es doch von ihnen wissen, teilerfremd sein.

Wir wollen gleich noch hinzufügen, daß auch der Ausdruck $u_2^2 + v_2^2$ keinen Teiler mit u_2 oder mit v_2 gemeinsam haben kann.

Aufgabe 49: Beweise das!

Wir drücken jetzt y_1^2 durch die neuen Zahlen u_2 und v_2 aus. Es ist
$$u_1^2 - v_1^2 = 4u_2 \cdot v_2$$
$$u_1^2 + v_1^2 = 2(u_2^2 + v_2^2),$$
folglich $\quad y_1^2 = 4u_2 \cdot v_2 \cdot (u_2^2 + v_2^2)$.

7. Auf die letzte Gleichung wenden wir unseren schon mehrfach benutzten Satz an: wenn das Produkt teilerfremder Zahlen ein Quadrat ist, sind die Zahlen selbst Quadrate. Wir wissen nicht, ob u_2 oder v_2 teilerfremd zu dem Faktor 4 ist, wollen ihn also der Vorsicht halber dadurch beseitigen, daß wir ihn auf die linke Seite der Gleichung bringen. In
$$\frac{y_1^2}{4} = u_2 \cdot v_2 \cdot (u_2^2 + v_2^2)$$
steht links noch eine ganze Zahl, denn y_1^2 sollte unserer allgemeinen Festsetzung nach (vgl. Abschnitt 4, Kapitel 6) eine gerade Zahl sein, und eine gerade Zahl, die gleichzeitig Quadratzahl ist, ist stets durch 4 teilbar. Jetzt müssen also u_2, v_2 und $u_2^2 + v_2^2$ nach unserem Satze Quadrate sein, etwa $\quad u_2 = x_2^2; \quad v_2 = y_2^2; \quad u_2^2 + v_2^2 = z_2^2$.

Aus diesen drei Gleichungen folgt aber:
$$x_2^4 + y_2^4 = z_2^2,$$

7. Das Fermatsche Problem

d. h. wir haben auf einem allerdings nicht ganz einfachen Wege aus dem Lösungstripel x_1, y_1, z_1 unserer Gleichung ein zweites x_2, y_2, z_2 gewonnen, das nebenbei bemerkt sogar ein Grundtripel ist.

Aufgabe 50: Der am Anfang dieses Abschnittes benutzte Satz ist in Abschnitt 6 des 6. Kapitels nur für zwei Faktoren benutzt worden; führe den Beweis für drei Faktoren.

8. Nun bleibt noch zu beweisen, daß die Zahl z_2 kleiner ist als z_1. Es ist, wenn wir zurückgehen,

$$z_2{}^2 = u_2{}^2 + v_2{}^2 = \frac{u_1{}^2 + v_1{}^2}{2} = \frac{u+v}{2}.$$

Nun war $\qquad z_1 = \dfrac{u^2 + v^2}{2}.$

Da die Summe zweier ganzen positiven Zahlen, von denen wenigstens eine nicht gleich 1 ist, stets kleiner ist als die Summe der Quadrate der beiden Zahlen,

so ist $\qquad z_2{}^2 < z_1.$

Erst recht ist also, da ja z_2 größer als 1 ist,

$$z_2 < z_1.$$

Wir haben jetzt erreicht, was wir wollten; wir haben bei Annahme eines kleinsten z_1 ein noch kleineres z_2 bestimmt, und also einen Widerspruch herbeigeführt, der nur dadurch zu lösen ist, daß wir unsere Annahme eines kleinsten z fallen lassen, daß also, mit anderen Worten, die Gleichung

$$x^4 + y^4 = z^2$$

ohne ganzzahlige Lösungen ist.

9. Das Fermatsche Problem für den Fall des Exponenten 4 ist jetzt schnell zu erledigen. Angenommen, die Gleichung

$$x^4 + y^4 = z^4$$

hätte eine ganzzahlige Lösung x_1, y_1, z_1, dann wäre das Wertetripel $x_1, y_1, z_1{}^2$ eine ganzzahlige Lösung der Gleichung

$$x^4 + y^4 = z^2,$$

und die existiert nicht. Also kann auch die erste Gleichung keine ganzzahlige Lösung haben.

Geometrische Bedeutung des Fermatschen Problems 69

10. Es ist ohne weiteres einleuchtend, daß die eben zur Erledigung des Falles $n = 4$ eingeschlagene Methode nicht auch für ungerade Primzahlexponenten gilt. Darauf einzugehen und etwa für den Exponenten 3 den Beweis zu erbringen, müssen wir uns leider versagen. Wir wollen aber von dem Problem nicht scheiden, ohne noch auf seinen geometrischen Gehalt eingegangen zu sein. Wir knüpfen an das in dem Abschnitt 9 des vorangegangenen Kapitels Gesagte an. Wie dort können wir, wenn wir in

$$x^n + y^n = z^n$$

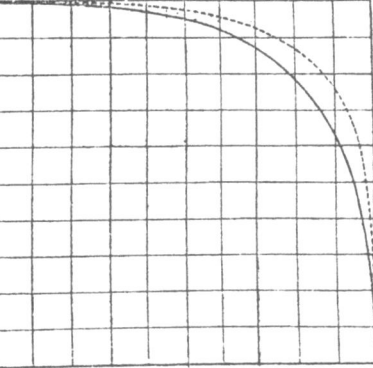

Fig. 50.

durch z dividieren, dem Problem die Fassung geben: Die Gleichung

(1) $\qquad X^n + Y^n = 1$

ist durch rationale Werte X und Y nicht zu befriedigen.

In der beigegebenen Figur 50 ist von den Funktionen

(2) $\qquad Y = \sqrt[n]{1 - X^n}$

für $n = 3$ und $n = 4$ das zwischen x- und y-Achse im ersten Quadranten liegende Stück der Kurve gezeichnet. Für $n = 2$ kommen wir auf den Einheitskreis (Abschnitt 9 des Kap. 6); für $n = 5$, $n = 6$ usf., schmiegt sich die Kurve in dem uns interessierenden Quadranten immer mehr dem Einheitenquadrat an — der Ausdruck wird sofort verständlich sein. Was bedeutet nun: die Gleichung (1) hat keine rationalen Lösungen? Es heißt nichts anderes, als daß die Kurven (2), von dem Falle $n = 2$ abgesehen, durch keinen Punkt mit rationalen Koordinaten gehen; sie winden sich also durch die überall dichte Mannigfaltigkeit der Punkte mit rationalen Koordinaten hindurch, ohne auch nur einen auf ihrem Wege zu berühren. Das ist in der Tat eine sehr merkwürdige Tatsache, die aus der Richtigkeit des großen Fermatschen Satzes folgen würde.

8. EINIGES ÜBER DIE LITERATUR ZUM PYTHAGOREISCHEN LEHRSATZ

Es gibt, wenn wir von zwei älteren Schriften aus dem 18. Jahrhundert absehen (Scherz und Stöber, Strasburg 1754 und Lange und Jetze, Halle 1752), vier umfangreichere Zusammenstellungen von Beweisen des pythagoreischen Lehrsatzes, zwei ältere:

1. J. Hoffmann, Der pythagorische Lehrsatz, mit 32 teils bekannten, teils neuen Beweisen versehen. Mainz 1819 (2. Aufl. 1821).

2. C. Cramer, Systematische Zusammenstellung von 93 Konstruktionen für ebensoviel verschiedene Beweise des pythagoreischen Lehrsatzes. Frankfurt a. M. 1837.

und zwei jüngere:

3. J. Wipper, Sechsundvierzig Beweise des pythagoreischen Lehrsatzes. Deutsch von F. Grapp. Leipzig 1880 (2. Aufl. 1911).

4. J. Versluys, Zes en negentig bewijzen voor het Theorema van Pythagoras. Amsterdam 1914.

Eine fünfte Schrift über unseren Lehrsatz, die auch erst jüngst erschien, bringt nicht einzelne Beweise, sieht vielmehr ihre Aufgabe in einer nach meiner Ansicht recht zweifelhaften Rekonstruktion der Entdeckungen von Pythagoras selbst. Wert haben wohl nur zahlreiche Anwendungen auf dem pythagoreischen Satz verwandte Probleme. Das ist:

5. H. A. Naber, Das Theorem des Pythagoras. Haarlem (Visser) 1908.

Zur Ergänzung der Ausführungen dieser Schriften wäre dann noch eine ganze Reihe von Abhandlungen aus neuerer und neuester Zeit heranzuziehen. Ich will von der Nennung einzelner hier absehen. Wer sich umfassender über den Gegenstand informieren will, der findet reiche Literaturnachweise aus älterer Zeit, aber nur diese, bei

6. M. Simon, Über die Entwicklung der Elementar-Geometrie im XIX. Jahrhundert. Leipzig (Teubner) 1906. S. 109ff.

Über die neuere Literatur wären die einschlägigen wissenschaftlichen und pädagogischen Zeitschriften nachzusehen.

Bezüglich der Anwendungen auf die Architektur, die wir berührten, sei verwiesen auf:

7. A. Gerlach, Das Maßwerk im geometrischen Unterricht. Zeitschrift für mathematischen und naturwissenschaftlichen Unterricht. 39 (1908) S. 341 ff.

Es ist das ein Aufsatz, dessen Durcharbeitung auch Schülern warm empfohlen werden kann.

Zu den neueren axiomatischen Untersuchungen über den Lehrsatz vgl. man:

8. F. Bernstein, Über die axiomatische Einfachheit von Beweisen. Atti del IV. Congresso internationale dei Matematici. Vol. III. Roma (Accad. dei Lincei) 1909. S. 391.

9. Brandes, Über die axiomatische Einfachheit mit besonderer Berücksichtigung der auf Addition beruhenden Zerlegungsbeweise des pythagoreischen Lehrsatzes. Hallenser Dissertation 1908.

10. Mahlo, Topologische Untersuchungen über Zerlegung in ebene und sphärische Polygone. Hallenser Dissertation 1908.

Das Fermatsche Problem behandelt:

11. P. Bachmann, Das Fermatproblem in seiner bisherigen Entwicklung, Berlin, Vereinig. wiss. Verleger, 1919.

Ich will jedoch nicht unterlassen, zu bemerken, daß die Darstellungen 8 bis 11 nichts weniger als elementar sind.

Wer den pythagoreischen Lehrsatz in dem Gefüge der Planimetrie, die pythagoreischen Zahlen im Rahmen einer Gesamtdarstellung der elementaren Arithmetik kennen lernen will, der wendet sich am besten zu:

12. H. Weber und J. Wellstein, Enzyklopädie der Elementar-Mathematik. 1. Bd: Arithmetik, Algebra und Analysis. 4. Aufl. von P. Epstein, 1923. 2. Bd.: Elemente der Geometrie. 3. Aufl. 1915. Leipzig, (Teubner).

Schließlich noch einige Angaben für die Geschichte des Lehrsatzes; ich nenne als Hauptwerke für die Geschichte der Mathematik bzw. der Elementarmathematik überhaupt:

13. M. Cantor, Vorlesungen über Geschichte der Mathematik. 1. Bd. 3. Aufl. Leipzig (Teubner) 1907.

14. J. Tropfke, Geschichte der Elementarmathematik in systematischer Darstellung. 2. Aufl. Vereinig. wiss. Verleger, 1922. Vornehmlich kommt in Betracht der 4. Band.

außerdem ist für unsere Fragen anzuführen:

15. H. Vogt, Die Geometrie des Pythagoras. Bibliotheca mathematica (3) 9 (1909) S. 15 ff.

Tafel 1

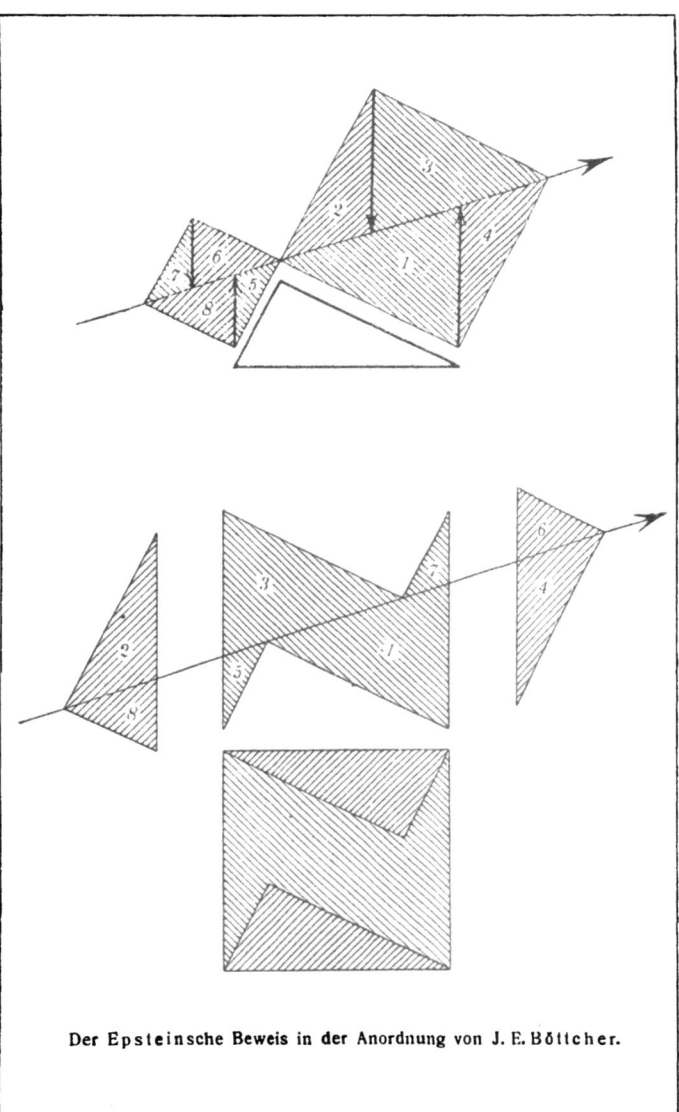

Der Epsteinsche Beweis in der Anordnung von J. E. Böttcher.

Tafel II

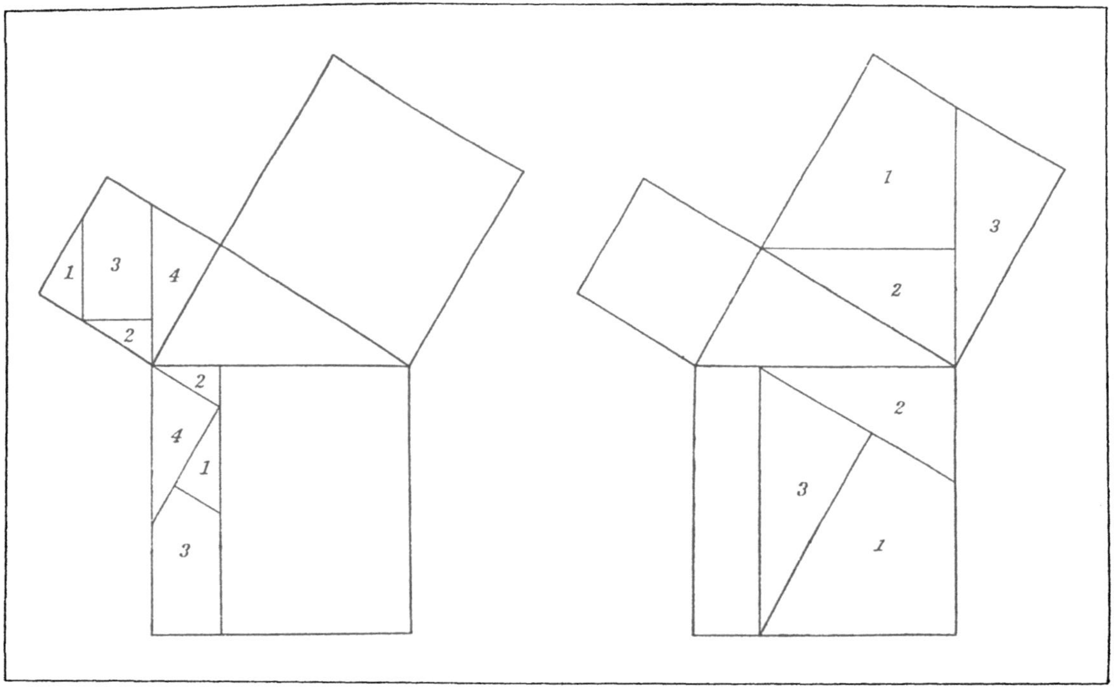

Mathematisch-Physikalische Bibliothek

Fortsetzung der 2. Umschlagseite

Darstellende Geometrie des Geländes und verwandte Anwendungen der Methode der kotierten Projektionen. Von R. Rothe. 2., verb. Aufl. (Bd. 35/36.)
Karte und Kroki. Von H. Wolff. (Bd. 27.)
Konstruktionen in begrenzter Ebene. Von P. Zühlke. (Bd. 11.)
Einführung in die projektive Geometrie. Von M. Zacharias. 2. Aufl. (Bd. 6.)
Funktionen, Schaubilder, Funktionstafeln. Von A. Witting. (Bd. 48.)
Einführung in die Nomographie. Von P. Luckey. I. Die Funktionsleiter. 2. Aufl. II. Die Zeichnung als Rechenmaschine. (Bd. 28. u. 37.)
Theorie und Praxis des logarithmischen Rechenstabes. Von A. Rohrberg. 3. Aufl. (Bd. 23.)
Mathematische Instrumente. Von W. Zabel. I. Hilfsmittel und Instrumente zum Rechnen. II. Hilfsmittel und Instrumente zum Zeichnen. [U. d. Pr. 1925.] (Bd. 59 u. 60.)
Die Anfertigung mathematischer Modelle. (Für Schüler mittlerer Klassen.) Von K. Giebel. 2. Aufl. (Bd. 16.)
Mathematik und Logik. Von H. Behmann. [In Vorb. 1925.]
Mathematik und Biologie. Von M. Schips. (Bd. 42.)
Die mathematischen Grundlagen der Variations- und Vererbungslehre. Von P. Riebesell. (Band 24.)
Die mathematischen und physikalischen Grundlagen der Musik. Von J. Peters. (Bd. 55.)
Mathematik und Malerei. 2 Bände in 1 Band. Von G. Wolff. 2. Aufl. (Bd. 20/21.)
Elementarmathematik und Technik. Eine Sammlung elementarmathematischer Aufgaben mit Beziehungen zur Technik. Von R. Rothe. (Bd. 54.)
Finanz-Mathematik. (Zinseszinsen-, Anleihe- und Kursrechnung.) Von K. Herold. (Bd. 56.)
Die mathematischen Grundlagen der Lebensversicherung. Von H. Schütze. (Bd. 46.)
Riesen und Zwerge im Zahlenreiche. Von W. Lietzmann. 2. Aufl. (Bd. 25.)
Geheimnisse der Rechenkünstler. Von Ph. Maennchen. 3. Aufl. (Bd. 13.)
Wo steckt der Fehler? Von W. Lietzmann und V. Trier. 3. Aufl. (Bd. 52.)
Trugschlüsse. Gesammelt von W. Lietzmann. 3. Aufl. (Bd. 53.)
Die Quadratur des Kreises. Von E. Beutel. 2. Aufl. (Bd. 12.)
Das Delische Problem. Von A. Hermann. [In Vorb. 1925]
Mathematiker-Anekdoten. Von W. Ahrens. 2. Aufl. (Bd. 18.)
Scherzaufgaben und Probleme. Von J. Preuß. [In Vorb. 1925.]
Die Fallgesetze. Von H. E. Timerding. 2. Aufl. (Bd. 5.)
Kreisel. Von M. Winkelmann. [In Vorb. 1925.]
Atom- und Quantentheorie. Von P. Kirchberger. I. Atomtheorie. II. Quantentheorie. (Bd. 44 u. 45.)
Ionentheorie. Von P. Bräuer. (Bd. 38.)
Das Relativitätsprinzip. Leichtfaßlich entwickelt von A. Angersbach. (Bd. 39.)
Drahtlose Telegraphie und Telephonie in ihren physikalischen Grundlagen. Von W. Ilberg. (Bd. 62.)
Optik. Von E. Günther. [In Vorb. 1925.]
Dreht sich die Erde? Von W. Brunner. (Bd. 17.)
Die Grundlagen unserer Zeitrechnung. Von A. Barneck. (Bd. 29.)
Mathematische Himmelskunde. Von O. Knopf. (Bd. 63.)
Mathem. Streifzüge durch die Geschichte der Astronomie. Von P. Kirchberger. (Bd. 40.)
Theorie der Planetenbewegung. Von P. Meth. 2., umgearb. Aufl. (Bd. 8.)
Beobachtung des Himmels mit einfachen Instrumenten. Von Fr. Rusch. 2. Aufl. (Bd. 14.)
Grundzüge der Meteorologie, ihre Beobachtungsmethoden und Instrumente. Von W. König. [In Vorb. 1925.]

Verlag von B. G. Teubner in Leipzig und Berlin